三步玩转短视频

抖音达人经验+内容创意+制作技巧

吴永凯 著

人民邮电出版社

北 京

图书在版编目（CIP）数据

三步玩转短视频：抖音达人经验+内容创意+制作技巧 / 吴永凯著. -- 北京：人民邮电出版社，2019.2
ISBN 978-7-115-50354-1

Ⅰ. ①三… Ⅱ. ①吴… Ⅲ. ①视频编辑软件 Ⅳ.①TN94

中国版本图书馆CIP数据核字(2018)第272620号

内　容　提　要

　　本书分析了 50 位抖音达人的成功经验，涵盖了美食、知识、技能、才艺等各个方面的内容，不仅逐个探讨了如何像他们一样创作出有创意的短视频作品，并从内容创作和技术实现两个方面讲解了如何打造成功的抖音小视频和 IP。

　　本书遴选的抖音达人来自不同领域且粉丝量至少在百万数量级，内容覆盖了账号定位、内容创意、视频拍摄、剪辑技术、发布技巧等全流程，能够有效提升读者在短视频的内容创作、推广运营、技术支持等方面的能力，适合热衷于短视频创作的读者和想要创作短视频的读者阅读参考。

◆ 著　　　　　　吴永凯
　　责任编辑　　　俞　彬
　　责任印制　　　马振武

◆ 人民邮电出版社出版发行　　北京市丰台区成寿寺路 11 号
　　邮编　100164　电子邮件　315@ptpress.com.cn
　　网址　http://www.ptpress.com.cn
　　北京缤索印刷有限公司印刷

◆ 开本：880×1230　1/32
　　印张：5.75
　　字数：164 千字　　　　　　2019 年 2 月第 1 版
　　印数：1 – 5 000 册　　　　 2019 年 2 月北京第 1 次印刷

定价：45.00 元

读者服务热线：(010)81055410　印装质量热线：(010)81055316
反盗版热线：(010)81055315
广告经营许可证：京东工商广登字 20170147 号

编创人员名单

著：吴永凯

参编：李　斌　　齐冬梅　　史凤姣　　宋梦真

　　　宋奕霏　　夏应蓉　　朱　琳

组稿：齐冬梅　　史凤姣

排版：李　斌　　齐冬梅　　史凤姣　　宋梦真

化妆：刘　逸　　夏应蓉

造型：夏应蓉　　杨梦迪

摄影：杨梦迪

后期：杨梦迪

出镜：刘　逸　　史凤姣

前言

PREFACE

当下，大众消费越来越移动化、碎片化，这使得低门槛、低成本地分享生活趣事的短视频成了当下最火爆的娱乐方式之一，从而催生出了抖音、快手、秒拍、美拍、muse、小咖秀等短视频社交软件。

抖音是一款备受欢迎的创意短视频社交软件。在抖音上，创作者可以选择一段美妙的歌曲，并基于歌曲的节奏用手机拍摄一段视频，或上传一段已经精心制作好的视频，然后分享给用户。如果用户在某些类型的视频上投入较多时间，系统会据此分析用户的喜好，并为用户推送更多的同类视频，以提高用户的黏性。

本书包括取经、创意、实现 3 个部分。

第 1 部分主要分析了 50 位抖音达人的成功经验，涉及知识技能类、美食类、生活技巧类、宠物类、手工类等门类的内容。从"走红原因""借鉴意义"和"试试看"3 个角度进行分析，不仅深度挖掘了达人的经验、技巧，还为用户创作短视频提供了实用的建议。

第 2 部分是对抖音上精彩短视频创意的归纳总结，讲解了做出优秀短视频的多个关键点，并给出了典型案例的分析，关键点包括贴标签、表演、分享实用技巧、抓住用户好奇心的方法、烧脑创意、与宠物配合创作的方式、剧情反差创意、跨界混搭创意等。这些系统性的创意分析，能够帮助短视频爱好者，更好地挖掘自己的创意灵感，从而创作出优秀的短视频作品。

第 3 部分主要讲解短视频创作技法，包括拍摄技法、道具应用、特效制作、剪辑技巧、发布经验等，帮助短视频创作者解决动手问题。本章所涉及的软件、道具都是低成本、易操作的，因而非常适用于短视频创作。

本书在创作过程中得到多位新媒体达人和创作者的指导和帮助，在此特表示感谢。由于编者水平有限，书中若有不妥之处，恳请读者指正。我们的邮箱地址是：luofen@ptpress.com.cn。

编者

2019 年 01 月

Step 1 取经——
从素人到网红，他们是如何逆袭的

CONTENTS

思考！

找到你的方向

Step 2 创意——
修炼最关键的一步

CONTENTS

Step 3　实现——
手把手教你做出吸睛好作品

Step 1

取经——
从素人到网红，
他们是如何逆袭的

———

01 进阶知识大放送

秋叶 PPT

作品数：79　/　获赞量：130.7 万　/　粉丝量：92.8 万

走红原因

● 内容设计有创意

在内容方向的把握上，"秋叶 PPT"
选择了办公软件应用技巧。这个方向不仅受
众广，而且是很多人的刚需。秉承轻松、高
效传授知识和技巧的目的，"秋叶 PPT"
精心筛选了上百个实用技巧、知识点，用
15 秒的短视频教程让观众轻松长知识。要
知道，有营养的知识干货是很容易在市场
上被认可的。

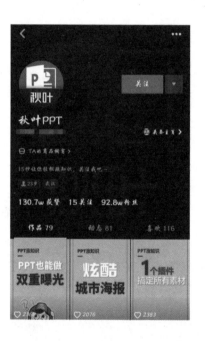

"秋叶 PPT"的路线：找准目标（刚需）
→判断内容属性和抖音是否匹配→判断内容
是否有足够的话题性（要坚信，抖音上的观
众大多都是爱分享的热心人：嗨！告诉你一
个特别实用的 PPT 小窍门）。

● 精心打磨的内容

（1）短小精悍的标题

（2）直戳办公软件用户痛点的引导语

"秋叶 PPT"将那些不容易注意到的小功能、小窍门，精心包装成 15 秒的教
程。在开头用对比或提问的方式抓住观众，再轻松地讲解。

（3）完美的讲解节奏

对于抖音短视频这种十几秒内抓住观众的形式，内容的体验感要远重于故事性。

好的体验感来自许多因素，其中最主要的是短视频的节奏，15 秒的内容如何设计出好的节奏呢？靠的是好的脚本和文案。

"秋叶 PPT"的短视频脚本公式：①戳痛点式，即提出痛点或问题（小白笨办法）→对比妙招讲解（几秒搞定）→小幽默安慰你；②直奔主题式，即精练的操作步骤讲解→一句话，聊个天；③快闪式。

（4）画龙点睛的小幽默

技术教程往往是枯燥的，"秋叶 PPT"的短视频善用幽默的对比调侃、语气演绎等增添小趣味。

（5）音效、动效酷炫配

"秋叶 PPT"很擅长生动形象地演绎技术亮点，如快闪文字、分段配乐等。

● 注重评论互动

除了内容和内容的表现形式，"秋叶 PPT"的评论互动做得也比较好。抖音的重要属性是社交，因此必须维护好观众对内容的评论。

借鉴意义

这种踏实做技巧分享的账号其实运营起来并不困难。只要有可持续分享的观众需要的内容，并把它在 15 秒内简单地讲解出来就好。但是现在做"搬砖"的抖音号越来越难吸引观众，像"秋叶 PPT"这种自己生产原创内容才是王道。

试试看

首先要找到一个自己擅长或观众都很需要的某一方面的知识。

然后把这大块的知识拆分成无数个很小的内容。

每次找一个点简短地介绍。如果观众看到会忍不住感慨"原来还有这么简单的操作""这样做出来这么炫酷啊"……你就成功了！

Excel 办公技能

作品数：83 / 获赞量：140.0 万 / 粉丝量：146.9 万

走红原因

● 实用

学习一些 Excel 办公小技能，能够使办公更加简单，节省时间。

● 直观

用视频学习强于自己看书摸索的地方在于：真的可以看到别人的实际操作，跟着一步一步学就好，而且哪一步不会了可以暂停、回放，仔细研究。如果仍然不会，也可以在评论区与作者互动，甚至可以给作者发私信。因此，很多人喜欢跟着视频学技能。

● 碎片化教学

将零散的知识拍成一个一个的视频，观众可以根据自己的情况，有选择地观看。这样可以解决上班族没有整块学习时间的问题。

● 标题吸引人

巧妙地利用了人们想快速提升技能的心理，标题多为"一秒xxx""三秒学会xxx""史上最全xxx"等。

借鉴意义

从下面的图片中可以看出，该作者以前的视频动辄有几千甚至是几万个赞，可是后来却只有几百个赞。其中存在的问题是很多人在运营抖音账号时也会遇到的。

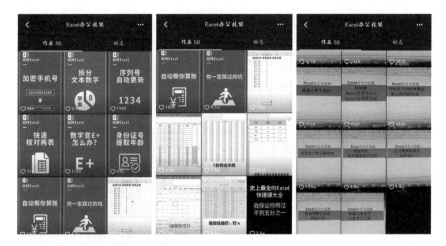

● 背景音乐

　　知识技能类的视频，首要考虑的问题应该是内容的实用性，背景音乐选得好是锦上添花。

● 不能敷衍

　　教给观众的必须是实用的内容，不能重复，也不能为了更新而找内容来凑数，更不能"自嗨"，自己觉得新奇少见的技巧未必是观众喜欢的，有时反而弄巧成拙。

试试看

　　想一想自己会哪些可以教授给观众的实用技能，如果有的话，可以参考"Excel办公技能"的方向，巧妙利用人的心理，紧跟热点，采用碎片化教学，讲解细致。

　　但是，做这类进阶知识讲解类内容需要特别注意：

　　①音乐与内容一定要相符，否则宁可舍去音乐，毕竟知识技能类视频的内容才是最重要的；

　　②不要敷衍；

　　③内容要实用，不要自嗨。

学点心理学

作品数：128 ／ 获赞量：304 万 ／ 粉丝量：111.9 万

走红原因

● 实用

掌握一些心理学知识，对于日常生活中待人接物、为人处世都大有裨益。

很多人认为，学会了心理学，就能够成为情商高、受欢迎的人，可以排解生活中的烦闷，能更好地与家人朋友相处。

因此，近几年心理学知识很受欢迎。

● 有趣

通过学习心理学，可以了解自己，了解别人，在很多人眼里，这是一件非常有意思的事情。

● 简单

纵观该作者的所有视频，可以发现，他的作品没有什么高深的内容，一个视频就只有四五点简单的知识。

这种简单易学易上手的小知识很容易得到大范围的传播，得到更多人的关注。

借鉴意义

心理学的科普对专业性要求没有那么高，此类视频对拍摄、形象、声音、后期等要求也都不高。只要把内容写进 PPT 里，一张一张地翻页展示就好了。

试试看

根据该作者发布的不同视频的点赞量，我们可以分析出，创作此类视频时应该优先考虑哪些方面的内容。

是的，达人们的视频不仅仅是用来观赏和膜拜的，我们也要善于从中发现一些对我们有用、可以给我们指导的有效信息，然后用总结出来的有效信息指导自己实践。

例如，分析下图可以发现，人际交往方面的心理学知识似乎比恋爱方面的知识更受欢迎。

因此，在制作视频时，内容可以有意识地向人际交往方面倾斜，但也不要只有人际交往这一种内容，一是因为观众会审美疲劳，二是因为内容资源很快就会枯竭，以后就只能够靠炒冷饭来保持更新了。

每日英语学习

作品数: 127 / 获赞量: 441.6 万 / 粉丝量: 127.7 万

走红原因

● 实用

还有什么是比带着观众一起学习更实用，更能给在题海中苦苦挣扎的人带来慰藉的呢？"每日英语学习"，每天带着观众学习和进步，尤其是有考试压力的中小学生，非常需要这些方法的指导。

● 省时高效

现代人的生活压力越来越大，大家都想用最少的时间学最多的知识。但是，学习没有捷径，该花的时间省不了。那又如何能满足大家的诉求呢？其实很简单。就像"每日英语学习"，作者自己花时间为观众提炼知识点，总结高效的学习方法，让观众能在有限的时间内获得高效的学习体验。例如，"每天 5 分钟，进步 15 分""记单词速度提升 200%""如何快速提升英文阅读水平"等视频就很好地满足了观众省时高效的学习需求。

● 潜在观众范围广

有关英语学习的内容大人小孩都可以看。有些家长可能不喜欢自己的孩子沉迷于抖音，但是这种关于英语学习方法的视频却是他们十分乐意与孩子分享的。

借鉴意义

● 模仿成本低，可操作性强。

● 受众范围广，包括中小学生及其家长、要考试或升级的大学生和有外语学习需求的职场人士等。

- 可拍摄的内容多，创作的可持续性强。

- 对技术要求不高，只要会制作 PPT 并能够拍摄简单的抖音视频即可。

试试看

可以做关于数学、语文等学科内容的学习视频，但不要被"学科"二字拘束，尽可以天马行空地选择自己的内容，例如日语、书法、音乐等，甚至是茶艺、园艺、插花……只要能够呈现实用内容给观众，定期保持更新，相信观众会很愿意观看这类视频。

奔跑吧历史

作品数：40　/　获赞量：707.2 万　/　粉丝量：218.1 万

走红原因

● 科普历史冷知识

做文化类的视频，内容是核心。"奔跑吧历史"首先抓住了观众感兴趣的点：历史冷知识。这比学术有趣，也比常识更加吸引观众。

不同的平台需要不同的内容与深度，"奔跑吧历史"选择的轻松的冷知识比较符合抖音平台的特点。举个例子，"执子之手与子偕老"其实是战士之间的约定，但现在被引申为夫妻关系。这样的知识不为常人所知，自然会引起不少观众的好奇心。

● 讲述俗语出处

"奔跑吧历史"的另一个特色便是讲述俗语的出处。大家在生活中经常用俗语，但很少有人会了解俗语背后的故事，"奔跑吧历史"选择逗趣的俗语故事，并将其呈现在视频中。例如"哪壶不开提哪壶"这个俗语的故事：早年，有一对父子开了个小茶馆，知县老爷经常过来白吃白喝，让父子俩苦不堪言。一天，老掌柜病了，小掌柜掌壶。等老掌柜病好以后发现知县老爷再没来了，就问小掌柜怎么回事，小掌柜说："我给他沏茶，是哪壶不开提哪壶。"

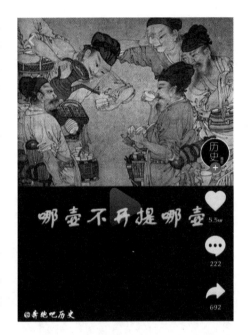

借鉴意义

"奔跑吧历史"走文化路线，抓住观众对冷知识感兴趣的特点，出奇制胜。其实无论哪个学科，有趣的知识一直为大众喜爱，只要视频的内容既通俗又好玩，就能在众多视频中脱颖而出。

试试看

如果想要做类似的视频，任何学科都可以取材。需要注意的是，不要讲观众都知道的、老生常谈的东西。相反，有趣的冷门知识才是观众感兴趣的，或者可以搜索带有搞笑元素的故事与某些学科结合，复合模式也会很吸引人。

02 美食的诱惑

喵食语

作品数：93　/　获赞量：266.8万　/　粉丝量：135.7万

走红原因

- 关于美食

  现代城市的人大多有孤独感，而看美食视频不仅可以缓解孤独感和忧伤，同时还可以了解世界各地的美食。

- 简单易操作，观众在家就可以自己制作。

- 实用

  吃饭是每个人的刚需，很多人不满足于每天吃外卖，想要自己动手做一顿美味的饭菜犒劳自己，可是苦于不会做饭或弄不懂食谱。此时这种教人做饭的视频就体现出其价值了。

- 直观

  视频呈现出了各种美味佳肴制作的整个过程，可以跟着视频学习如何做出这么多好看又美味的饭菜。

借鉴意义

这种视频是不太好借鉴的，因为抖音上美食类内容众多，必须技压群芳，才能征服有多重选择的"路人"。不过通过看"喵食语"的视频倒是可以学习怎么把食物拍得好看和怎样有条理地叙述。

试试看

如果厨艺超级棒，会做很多人不会做的菜肴，或者可以在短时间内根据菜谱学会很多美食的做法，那就尝试拍摄"喵食语"这样风格的视频吧，用实力惊艳观众。

爱做饭的芋头 SAMA

作品数：30 ／ 获赞量：1703.0 万 ／ 粉丝量：549.0 万

走红原因

● 教观众做饭的时候很直观，没有用克、千克，而是用把、勺、片这样直观的量词进行描述。

● 标题

很多视频都是叫"懒癌患者的 xxx"，使用这种在年轻人中较为流行的词语，拉近与观众的心理距离。

● 有很多新奇的东西，例如没见过、没吃过的水果等。

● "芋头"本人不在中国，她为观众呈现了很多在中国国内不常见的东西，所以能吸引观众们观看。

● 配音结合背景音乐，富有节奏感，说唱风、甜美风……各种风格都有，而且"芋头"的声音本身也很好听。

哈哈哈太可爱了 ♡ 1
2018年09月04日

魔性啊！！ ♡ 1
2018年09月02日

唯一一个做饭的视频能让我感觉恋 ♡ 7375
爱了的up主
2018年06月07日

有多少人像我一样 不是因为想看她 ♡ 10
做饭才关注她 而是喜欢她的声音才
关注她
2018年08月12日

小姐姐的声音太甜了 ♡ 9
2018年08月10日

太有意思了你的视频 哈哈哈哈 ♡ 1
2018年09月07日

● 解说搞笑

视频"懒癌患者"介绍的极简卤肉饭中：红葱头，用手搓碎，炸成酥；五花肉，摔成条，煎出油；祖传电饭锅，放肉肉，四勺酱油，红葱酥，半勺五香粉，下两个鸡蛋，一听可乐，再见。发呆一小时……啊，肉好了！配一根做作的青菜。我要吃饭了，拜拜。

在做鸡丝凉面的视频中：煮完的水不要扔，隔壁的小孩得用。

借鉴意义

教人做菜就要一本正经？不！"芋头"以身说法，让人发现原来一个美食博主也可以这么有趣、这么多才多艺。

或许，你没有"芋头"的歌唱天赋；

或许，你没有"芋头"的甜甜嗓音；

或许，你没有"芋头"的搞笑思维……啊，不，这个得有！

其实，我们能够学习"芋头"的就是她这种创意：大家都一本正经地讲怎么一步一步做出美味佳肴，我偏不！我可以唱出来，可以后期加速，可以让观众只因为声音就来关注我……

总之，在激烈的市场竞争中，另辟蹊径也是一个不错的选择。

试试看

第一步是想：自己的视频想吸引一群什么样的观众，有什么优势能吸引这些观众。可以拿一张纸把自己的想法列出来，想法越天马行空越好。

第二步是做：用可操作的形式把自己的想法实施，毕竟说得好不如做得好。

山药视频

作品数：194 / 获赞量：291.7 万 / 粉丝量：114.7 万

走红原因

● 侠客隐士之风

    每个男孩子的心里都有一个武侠世界，每个女孩子的心里也都有一个仙侠梦。"山药视频"的服装配乐都是古色古香的，还使用了文艺的字体，且每个视频的最后都有四句诗，更加增添了古典气息。同时，视频中"山药"大碗喝酒，大口吃肉，颇有侠客之风。

● 人人向往的田园元素的加入

● 美食元素的使用

● 没有解说，"山药"亲自吃东西的情节，让人看了很有幸福感和满足感。

借鉴意义

    受"人生不止眼前的苟且，还有诗和远方"的影响，人人都想去远方的田园走一走、看一看，再加上城市生活密不透风的压力，如果能营造一个大家心中的田园，肯定会很受追捧。

试试看

    田园、武侠、美食等元素，这些能吸引观众的都可以挑选，甚至是结合在一起使用。最好选择离大家的生活远一点的元素，毕竟大家已经在生活的柴米油盐酱醋茶中身心俱疲了，没人希望打开抖音看到的还是和自己的生活同样无聊的视频。

贫穷料理

作品数：184 ／ 获赞量：1057.3万 ／ 粉丝量：306.4万

走红原因

● 相声式的呈现方式，加入折扇及说唱等元素，迎合年轻人的审美，有趣好玩，吸人眼球。

"什么味道让我口水直流？是酱香浓郁软糯不柴、香倒楼下公司前台的冠军大排。"

"如何把八块钱买的八只虾，做成看起来像招待八方来客的宴席大菜？"

"如果说玫瑰花象征着爱与和平，那么玫瑰花包蛋煎饺就象征着你对另一半的爱。"

"油香入饭知味道深浅，平底锅里煲滋味乾坤。"

"透明冰皮配豆沙，冰皮月饼顶呱呱。冰皮月饼零失败，QQ弹弹惹人爱。"

"麻、辣、鲜、香，是美食界最诱人的混搭，其中最经典的代表就是米饭杀手——麻辣香锅。"

"用咸蛋黄做的鸡翅酥皮起沙、风味极佳，馋得你稀里哗啦。"

"三勺浓酱锅中战土豆，三勺焖饭馋哭零零后。"

"如果说芒果蘸酱油是黑暗料理，那么鱼香肉丝配比萨就是郎才女貌。"

"今天讲究的我就教讲究的大家一道讲究的主食，名字讲究，叫作不将就煎卷。"

● 教的饭菜简单易做且成本低，适合年轻热爱美食的观众学习。

- 暖心

在每个视频的开头或末尾都会加上一句提醒：记得按时吃饭。粉丝们纷纷评论：很暖心。

- 配乐轻松快乐，让人听了想要抖腿。

一句按时吃饭让我每天顶着工作的劳累回家给媳妇做饭，陌生人都让我按时吃饭，我也得让我媳妇按时吃饭。

@贫穷料理 作者
兄弟，我永远是你兄弟。
849

兄弟，你要是个女的多好，除了我爸妈，没有人提醒我按时吃饭😄

 @贫穷料理 作者
我们都会有下厨的那一天，可能为了自己，也可能为了自己在乎的人。
306

看你的视频，明知肯定不会做菜，但就是莫名的看下去，特别喜欢最后那句笑着说的"记得按时吃饭"，好有感染力

借鉴意义

在镜头前不能是冷冰冰的，不能抱着我的内容很优秀，总会有人欣赏关注的心态进行拍摄，而应该与观众进行良性的互动，哪怕就像"贫穷料理"这样坚持在每个视频中提醒观众记得按时吃饭，效果都会大为不同。试一试，效果一定会让你惊喜的。

试试看

只要有心，人人都能成为段子手。可以在作品中加入些段子调节气氛，想一句适合自身定位的暖心的话，在每个视频中都坚持说给观众听。

懒人食堂

作品数：56 / 获赞量：285.7 万 / 粉丝量：145.5 万

走红原因

- 拍摄手法精致，画面诱人

充分利用灯光效果，将画面拍得色香味俱全，芝士的香甜、红烧排骨的浓郁……恰到好处的色调充分表现出了食物的特点，对美食爱好者简直是致命的诱惑，让人看了忍不住咽口水。

- 简单实用

各种各样的美食制作小技巧，让喜欢研究美食制作的观众大饱眼福。视频中的美食原料都是家里常备的几种，简单方便，不需要为原料绞尽脑汁，而用料的配比也完全可以通过直观的视频来进行学习，看完便有了想自己试试的冲动。

- 内容丰富

各式菜品应有尽有，让喜爱美食的观众为之着迷。

- 剪辑流畅

对于美食教程来说，视频的情景、画面与配乐是否用心会直接影响观众的观感，"懒人食堂"良好的剪辑让美食教程成为一种视觉享受。

借鉴意义

越来越多的年轻人评价自己时喜欢用"懒"这个字，于是众多带有"偷懒"性质的视频教程颇受观众欢迎。当大家知道用更少的精力就能完成同样的事情时，谁又会选择做那个事倍功半的人呢？

"懒人食堂"就是这样一个教观众在做饭上能事半功倍的小课堂，通过小视频，为众多热爱美食但又不得要领的观众提供了诸多做饭的小技巧。以视频的形式呈现能让观众轻松看懂，其流畅的操作手法与剪辑技巧更使观众看完后禁不住想要立即实践，大展身手。

虽然是教观众做饭，但其视频的每一个镜头、文字以及配乐都恰到好处，远景、近景、特写，以及一些转场让这个视频更加生动、耐看。

试试看

工具与原料的干净整洁是前提。另外，对于食物来说，恰当的光线与色调将会令食物看上去更具诱惑力，激发观众的食用冲动。于是在这里也要再次强调学会视频后期制作的重要性。

和谐的配乐使视频整体更加丰满有趣。在选择音乐时，要根据视频本身的调性选择与之相配的音乐。另外，加入人声讲解也不失为一种好方法。

懒人美食

作品数：225　/　获赞量：504.0 万　/　粉丝量：190.1 万

走红原因

● 内容丰富

不论是流行菜品还是家常菜，只有想不到没有做不到。

● 代入剧情

通过剧情的方式将观众引入，再轻松地深入主题——美食。这同时也创造了与观众互动的机会，因为剧情中经常选用男女朋友之间的对话来引入，很多观众会主动 @ 自己的男 / 女朋友，为该视频增加了浏览量和评论量。

● 视频用心制作

食品制作步骤简单快捷，用文字配合视频的方式讲解得很清楚，而且视频色调诱人，做出来的美食品相诱人。

借鉴意义

与"懒人食堂"相似，"懒人美食"用简单易行的方式为观众呈现一场视觉盛宴，仿佛隔着屏幕都能闻到饭香……"30 秒学一道菜，懒人也勤快～懒爱美食"是"懒人美食"主页上的一句介绍。30 秒学会一道菜，单单是听上去就令人有想学习的冲动。这种以简短的步骤教学，使观众花费少量时间就可学习制作美食的账号怎么会不受欢迎呢。

"懒人美食"还有一个特点就是设计剧情，令观众更容易接受。例如，作者经常会用男女朋友之间的段子使观众有代入感。

试试看

这是一个讲故事的时代。如果某一天，你脑海中突然蹦出来了一个绝妙的故事情节，而且与美食相关，一定要记录下来，以故事的形式为大家引入一道菜的做法可以使自己变成一个"有故事的人"，引起观众的持续关注。如果你也拥有不为人知的美食小窍门，也请果断分享出来吧。

03 干货分享

最美穿搭笔记

作品数：181 ／ 获赞量：570.0 万 ／ 粉丝量：100.9 万

走红原因

● 提供各种实用干货

"最美穿搭笔记"不仅讲穿搭，还有香水、美妆、发型、健身塑形方面的分享。不同的内容能吸引不同的观众，获得的关注自然就多了。

视频里会提供很多有趣的干货，观众可以通过观看视频获得小窍门，并在现实中实践。喜欢这种风格的观众，因为想要获得自己想要的技能，会反复、持续关注创作者，成为忠实的粉丝。

● 针对性强

"最美穿搭笔记"的内容是针对女性观众的，里面涉及的领域都是女性比较关心的部分，尤其是年轻女性，对穿搭、美妆、健身都充满了兴趣。"最美穿搭笔记"锁定女性观众，拥有固定的观看人群。

● 美的享受

既然是一个针对女性的频道，那就一定得有美感。"最美穿搭笔记"的图片风格明丽光彩，色彩和谐，搭配在一起赏心悦目，给观众美的享受。

视频内容图文并茂，让观众没有负担地观看，在轻松愉悦的状态下吸收干货，不由自主地点击下一个视频，不知不觉就观看了许多。

● 产品定位明确

产品定位明确，并且根据定位受众推荐的品牌和价位非常合理，主题鲜明，不会让观众点进主页之后产生无措感。

借鉴意义

定位意识很重要，"最美穿搭笔记"找到了自己的定位，然后垂直化地生产内容，因此在人们讨论"抖音穿搭"的时候，往往会想到"最美穿搭笔记"。

无论做什么内容的视频，都要明确自己的定位，切忌像无头苍蝇那样乱撞，走不少弯路。尤其是初学者，还没有能力驾驭多种风格时，一定要有定位意识。

试试看

美食、健身、唱歌、绘画……先想一想自己擅长哪一方面，或是对哪一方面比较感兴趣，确保自己有激情去持续生产这方面的内容。

如果也想选择穿搭，可以试着反向思考，如尝试做男士穿搭，明确自己的定位，专一生产内容，与其做得大而全，不如做得小而专。最后，实用的内容和美观的图片都很重要，搭配起来能增加作品的美感，获得更多的点赞。

好书推荐

作品数：179 ／ 获赞量：301.5 万 ／ 粉丝量：154.3 万

走红原因

● 做更好的自己

在"好书推荐"的视频中，十有
八九是鼓励观众充实自己、让自己变
得更好的。例如，"如何突破人生藩篱，
活出无悔的自己？这本书给你答案"
这个视频推荐的都是励志图书，这样
的内容一直备受关注，从不缺少观众。
在这个学习、求职、上班、恋爱等各
方面都充满压力的社会，有许多迷茫
的人在寻求着心灵支柱。而"好书推
荐"的内容充满正能量，迎合了观众
的需求。

● 知识与实用相结合

"好书推荐"推荐的图书中，还
有很多与个人技能提升相关的图书，
内容的实用性强。其中一个视频的标
题是"读了这 4 本书，年底升职加薪
没问题"，里面推荐的是《认识商业》
《你的团队需要一个会说话的人》《把时间当朋友》这类关于职场进阶的图书，对
于上班族的确很有实际意义。

● 内容优质，推荐走心

内容制作用心，让推荐不仅仅是推荐，更是指引方向的明灯，当观众在受挫、
想提高自身素养的时候，怎能不关注它呢。

借鉴意义

这种模式生产成本比较低，普通人若是想要模仿一定要找准方向，选择优质的配图才能吸引观众。此外，再加上自己独特的创意，呈现出不一样的内容会更具有吸引力。

试试看

大家若是想做一个图书推荐的视频，可以借鉴"好书推荐"的模式。在开始之前，找准一个方向，选择好推荐的图书类别。每个视频内容要有主题，切忌做成大杂烩。例如"推荐我看过的好书"，这样的标题就缺乏针对性，没有突显视频的特色。

另外，也可以推荐实用的书籍，纯学术的书籍会显得有些曲高和寡，可尝试将知识和实用性结合起来，说不定可以获得更多的关注。

旅游攻略

作品数：75　/　获赞量：197.9 万　/　粉丝量：102.1 万

走红原因

● 内容实用

　　旅游是一个热门的话题，世界那么大，大家总想走出去看看，如果条件有限，也得存储资金，去一个开销承受得起的地方。"旅游攻略"，顾名思义，就是向观众介绍值得一去的地方及其游玩指南。内容实际，观众也感兴趣。视频内容多半以录屏方式呈现，作者将某个地点或是主题的旅游相关资讯，整理制作成图片在手机上翻页展示并录屏，然后打开某个旅游 App 搜索其他相关内容进行展示。作者会在短长假的时候进行集中推送，加上美丽的图片和文艺的文字，让观众看得赏心悦目。

● 标题有吸引力

　　"旅游攻略"在为作品取名字时，充分了解了观众的心态，标题多用"最""必""一定""超""绝对"这样力度大的程度副词，以吸引观众点开视频。例如，"国内最适合穷游的 5 个地方""月薪 4000 就能去""吃货必去的 5 个城市""性价比超高的 6 个国家""月薪 6000 就能去"等，诸如此类的标题激发了观众的好奇心。

借鉴意义

　　做旅游攻略的账号在抖音平台中目前并不多，所以竞争相对并不那么激烈。

做这类视频时要抓住"内容实用""活用标题艺术"这两点。

只要观众想走出门，这方面的内容就一直会被关注。在不缺少需求的前提下，制作出高质量的内容，是增加自己优势的法宝。除了旅游这个话题，也可以寻找其他富有生活味儿的话题，越是实用，越有庞大的观众群。再加上吸引人的标题，给自己的视频增添亮点，让观众在看到封面的一瞬间就对视频内容产生好奇，那就离观众点开观看不远了。

试试看

可以多了解这方面的内容，自己加工整理，做内容的生产者。然后，再配上有趣的标题，让视频变得更有吸引力。

或者，在视频中加入创新点，找到属于自己的特色。例如，在旅游时拍摄吸引人的照片，并做旅游笔记，和观众互动讨论等。

燃茶哥哥

作品数：157　/　获赞量：1985.2 万　/　粉丝量：356.0 万

走红原因

● 有趣

　　"燃茶哥哥"为每一个游戏身法都取了名字，还总会根据音乐节奏来打枪，对最近大火的由腾讯公司代理的"绝地求生：刺激战场"也有自己独到的见解，再加上其风趣幽默的解说风格，自然能在抖音上众多关于刺激战场的视频中脱颖而出。

● 实用

　　有很多人喜欢甚至沉迷于游戏，但苦于技术不精。"燃茶哥哥"的视频就刚好帮助玩家来解决这个问题。"燃茶哥哥"不仅开创了移动压枪、闪身枪、回柳跑枪等诸多战法，还分享了快速跳

伞、乌鸦坐飞机等实战技巧，以及全网最佳灵敏度的全解析。

● 及时更新

　　游戏每次更新版本，"燃茶哥哥"都会第一时间告诉大家增加了什么功能，以及怎么才能玩得更好。每个抖音视频制作得都很用心，做到了专业化、理论化、系统化，让游戏新手也能变成全场最佳玩家。

借鉴意义

如果喜欢玩游戏，并且技术还不错，不妨参考一下"燃茶哥哥"是如何把游戏技术教学视频变得有趣、实用的。把爱好分享给观众，同时赢得一批志同道合的人的关注，不正是一件十分幸福的事情吗？

试试看

"燃茶哥哥"这种视频看似借鉴成本不高，不需要什么装备、才华，只需要有一颗爱玩游戏的心就好。但是，如果想要在游戏作者的道路上发展，必须拥有过硬的技术，要能教给观众打赢游戏的方法，让观众在看过视频后真的有进步。同时，要保证及时地更新，在游戏的每一个新版本出来以后，尽快地摸索透，然后发布视频教给大家。在这个过程中，时间就是流量，赢得了时间，就能赢得一大批观众和粉丝。

有书快看

作品数：240　/　获赞量：100.1 万　/　粉丝量：103.1 万

走红原因

- 实用

  用 5 分钟或者几个 5 分钟，为观众解读大部头名著、人文经典以及实用的职场类图书。

- 画面精美

  不同于一般 PPT 式的视频，动画、电影片段、手绘等元素均有加入。

- 语言轻松有趣

  很快，女孩的父亲就发现了自家闺女早恋的倾向，对象竟然还是一个啥都没有的穷一代。老头子一下子就怒了。热恋中的人哪里有这么好拆散呐。老头子越是逼得紧，闺女越是拿刀往脖子上架。这老爹也是倔，看着劝不动，就来点强硬的，把闺女送到了远方的舅舅家，一住就是一年多。

上面这段话便是"有书快看"对《霍乱时期的爱情》的解读，轻松的语言改变了名著晦涩难懂的叙述方式，便于观众理解。

- 声音具有感染力

  作者"有书君"讲解的声音生动活泼、有情绪感染力，不是枯燥乏味地读事先备好的台词，也不是断断续续、一字一顿的电子音，而是真的像在跟朋友说话一般轻松自然。

- 碎片化、浓缩化

迎合了当今人们碎片化阅读的习惯，将大部头的内容浓缩在读者不会感到无聊、疲惫的五分钟里，适应了互联网时代的内容传播方式。

- 巧妙引流

几乎每一个视频下方都有"点击右侧关注，即可观看下一条"的字样，那么偶然间看到这个视频并被吸引的人很可能就关注了。毕竟只是动一动手指点一下而已，耗费成本不高，又能继续看这么有意思的视频，何乐而不为呢。

有一个视频的开头是"明天解读哪本书？由你来决定……留言点赞最高者赠书"，这便激发了观众留言的欲望。有的观众为了让自己的留言点赞量高，会选择转发，或是让家人朋友关注作者为自己的留言点赞，这就很巧妙地让观众给自己做了一次宣传。

借鉴意义

最值得我们借鉴的是作者紧跟新媒体时代的传播趋势打造自己的内容。

另外，这类内容在一定程度上来说是刚需，其潜在观众不会少。

想要成为粉丝数"百万+"的抖音达人，靠的还是原创的内容和互联网思维。

试试看

选定自己想要做的内容。

培养互联网思维。

检查自己的叙述方式是否轻松有趣。

学习一点后期制作的小知识，让画面更精美。

旅行攻略

作品数：104 / 获赞量：233.1万 / 粉丝量：110.9万

走红原因

● 标题吸引人

抓住了人们"总是害怕会错过什么"的焦虑心理，以及"想用更少的钱享受更好的旅游体验"的想法。利用关键信息，如"真相""99%的人都不知道""最具性价比的""防坑必看""这辈子必去""人生中必去""必须走一次""不得不看""你不能不知道的""学会这几招，用旅店的价格住酒店的档次""去上海必去的九个景点，错过等于白来"等，吸引观众点击观看。这种最高级词汇和疑问句的用法使文案更具吸引力，让人想一探究竟。

● 有趣

视频中有各地的美食、美景，没有机会去各地走走看看的人也可以通过博主的视频了解自己想去的地方。有的视频还使用了各地的方言，增强了趣味性。

● 实用

以幻灯片的方式放映图片，且下方配有经典的解析、门票价格等关键信息。不仅有各地行程规划，还有节日时的旅游胜地推荐，性价比高，可操作性强。此外，作者还贴心整理了女孩子旅行时要带的物品，有很强的实用性。

借鉴意义

如果你是一个很有计划，并且对世界各地的美食、美景有一定了解的人，而且想做旅行方面的小视频，那么"旅行攻略"是一个很好的学习对象。

"旅行攻略"类的视频制作成本极低，只要会一点点 PPT 的制作方法就可以了，没有后期制作的要求，没有声音、颜值的要求，只需要安心做好内容。

试试看

通过分析"旅行攻略"的每个视频的点赞量，可以发现标题中点明价钱的视频得到的赞比较多，其中突出"性价比""月薪3000~4000 元就能去"的视频得到的赞最多。另外，有关"亲子旅行地"和"情侣旅行地"的视频也很受欢迎，无标题的封面获赞最少。

在时间就是金钱的今天，最好能把自己的内容精华简明地呈现在标题上，并通过加粗、变颜色等方式突出观众最感兴趣的词语，吸引观众的注意。

动动手列出自己知道且有必要推荐给观众去旅行的地方，并整理出它们的先后顺序以及之间的关联，然后就可以动手拍摄自己的视频了。记得要给每个视频取一个吸引人的标题。

04 蠢萌动物

爱熊猫

作品数：120 ／ 获赞量：1399.0 万 ／ 粉丝量：121.2 万

走红原因

● 选角新颖

秀最高级的"猫"。这里的"猫"指的是我们的国宝——大熊猫。"国宝"是它吸引人的噱头之一，而且大熊猫本身憨态可掬，再加上抖音中一些有趣的配音的配合，使大熊猫变得更加可人。

● 独一无二

在生活中，我们能看到很多宠物，例如不同品种的猫、狗，甚至还有很多"稀奇古怪"的宠物，例如蜗牛、蜥蜴等。不论这些宠物是品种高级还是品类特别，在国宝大熊猫面前都要甘拜下风。大熊猫不是人人都可以在家中饲养的，并且较低的野外成活率使它们变得十分稀有。所以，大熊猫视频的集锦不是人人都可以做出来的，跟秀其他的宠物比，"爱熊猫"

显得独一无二。

"爱熊猫"以大熊猫为主角，满足了很多人对国宝熊猫的生活习性的好奇心，能让更多喜爱大熊猫的人一饱眼福，有机会了解到许多熊猫的日常生活点滴。

借鉴意义

宠物路线竞争很激烈，不妨做一些与众不同的尝试。只有想法够新颖，能抓住大家的眼球，才有成功的可能。

试试看

要热爱并且足够了解这类比较"特别"的动物，要有有创意的文案、剧本，要能够把它们真实、全面地展现给观众，满足观众的好奇心。

沁心逗宝

作品数：152 / 获赞量：295.7 万 / 粉丝量：69.3 万

走红原因

● 萌宠元素

可爱的泰迪本身就会吸引一大波人的观看，这个小宝贝除了长得好看还会歪头卖萌，像一个邻家的小女孩。

● 奇思妙想

打开"沁心逗宝"的主界面，就可以看到泰迪穿不同衣服录的视频。大大的眼睛、各式各样的小衣服、小道具等让小泰迪变得非常生动可爱。

借鉴意义

宠物元素里，泰迪不算是很昂贵或很特殊的品种，只要热爱动物并拥有一只自己的小宠物，就可以制作这样的抖音视频。如果能够加上一些独一无二、抓人眼球的道具，拍出的视频会受到更多的欢迎和支持。

试试看

首先，要有一只可爱活泼，或者搞怪特别，或者高冷的宠物。

然后，给它准备大量不同样式的装饰品，可以是衣服、鞋子、帽子，或者给它尝试不同的发型、毛色等，让它变得更有特色。

最后，给它配上不同的声音，让它变成一只"呼之欲出"的萌宠。

赵拉斯的二狗

作品数：258　/　获赞量：3328.4 万　/　粉丝量：458.7 万

走红原因

● 哈士奇的憨傻

"赵拉斯的二狗"里的"二狗"既可以指两只狗，又可以指哈士奇的性格。从长相来说，哈士奇有一双圆溜溜、白眼球有点多的眼睛，给人一种呆萌的印象。接触过哈士奇的人会了解，哈士奇在日常生活中非常"傻气"。"赵拉斯的二狗"里的两只哈士奇经常会搅得主人家里"天翻地覆"，甚至还会把床啃得乱七八糟，让人哭笑不得。

● 搞笑的配音

视频里的配音很多都是哈士奇的主人配制的，以主人视角和狗互动，搞笑的方言与之巧妙配合，常常引人捧腹大笑。

借鉴意义

只要有宠物，不论这只宠物有着怎样的性格，都有它的闪光之处。像"赵拉斯的二狗"，就属于搞笑类型，再加上一些后期的配音和互动让视频内容更加饱满风趣。

试试看

如果喜欢宠物，不妨多和它们互动交流，与它们对话、玩游戏都可以成为视频的素材。

除了站在宠物的角度上配音，还可以直接用主人的视角和它们互动。最重要的是要有想法和创意。

铁头阿彪

作品数：45 / 获赞量：323.4 万 / 粉丝量：82.7 万

走红原因

● 萌宠元素

"铁头阿彪"短视频的主角是名字叫"阿彪"的猫和叫"豆芽"的狗。此外，视频中还会时不时加入一些其他的"小伙伴"。萌宠本就会吸引喜欢动物的人来围观，加上视频中有不止一只，且各具特色的萌宠，所以会吸引更多的观众来观看。

● 形式特别

视频里除了主打的动物新闻外，还有主人和"阿彪"的一系列活动，例如"阿彪"审问主人最近存钱的原因，不仅生动有趣还联系了时事热点。还有"阿彪"帮助主人与其女朋友复合的故事……种种演绎使阿彪的这只猫的形象生动饱满。

● 创意剧本

主角、内容框架都定好后，就需要有成熟的剧本了。"铁头阿彪"里的动物新闻就是将搜集的大量素材运用到了视频中，加上有趣的想法，编成剧本演绎出来，使其看起来非常吸引人。

借鉴意义

形式、创意的多样性可以使内容在同类作品中脱颖而出，放开想象，大胆地运用素材，也许能做出有趣的视频。

试试看

　　为自家的宠物准备好剧本，可以联系时事热点或网络上动物的搞笑视频，让内容丰富多彩。

　　大胆地发挥出自己戏精的潜质，创新形式和内容，让视频别具一格。

会说话的刘二豆

作品数：128 ／ 获赞量：3.5 亿 ／ 粉丝量：4357.2 万

走红原因

● 萌宠元素

视频的主角是两只猫，一只叫"刘二豆"，一只叫"瓜子"。萌宠元素的加入，吸引了一大批观众观看和点赞。

● 有创意

把猫咪拟人化，当作自己的孩子。"会说话的刘二豆"的作者"二豆妈"一人分饰三角，将视频变成"二豆"和"瓜子"的日常生活记录。台词与猫的动作、口型完美配合，增添了真实感。

"会说话的刘二豆"发布的视频其实都是一个个具有吸引力的情节且能够反映一定的社会现实的小故事。

● 搞笑

搞笑的语言（东北话）+ 搞笑的情节 + 萌宠自带的喜感 = 无数笑料。

通过下面的例子就可以了解"会说话的刘二豆"发布的视频具体是什么样子，找到它的创意和笑点。

二豆：瓜子。

瓜子：嗯？

二豆：咱妈嫌弃我说话不好听。

瓜子：嗯！

二豆：你说我该怎么办啊？

瓜子：其实说话的艺术性是可以慢慢培养的。 比如对方讲了一件惊人的事，你可以说"啊？真的吗？"，如果讲了一件高兴的事，你可以说"哇！太棒了！"，再比如对方讲了一个遗憾的故事，你可以说"是啊，这真是太可惜了！"

二豆：嗯，我明白了。

（卫生间里）

二豆妈：这破头发！要不炸毛，要不贴头皮，就没有正常的时候！也不知道这"××洗发水"能不能洗出传说中的蓬蓬空气感。

（二豆妈洗完头）

二豆：妈妈好漂亮。

二豆妈：卷一下更漂亮……啊！

二豆：咋的了？

二豆妈：妈妈被烫了！

二豆：啊？真的吗？

二豆妈：嗯，都红了。

二豆：哇！太棒啦！

二豆妈：不是，没把我烫死你挺失望呗？

二豆：是啊，这真是，太可惜了！

（暴揍）

借鉴意义

相较于"冯提莫""代古拉K"等凭借颜值和实力走红的大咖，"会说话的刘二豆"对于我们来说模仿成本更低：首先，因为不用在视频中露脸，所以不需要有多么高的颜值，只需要几个萌宠即可；其次，对自身的才艺要求不高，不需要会唱、会跳，能卖萌、能耍酷就行。不过，对创意的要求比凭唱跳类视频吸引观众的人要高得多。

试试看

首先，要真的喜欢小动物，并且拥有自己的宠物。不一定是猫咪，狗狗、小兔子、金鱼、鹦鹉，甚至是小乌龟、小刺猬，只要是真心喜欢并且有条件饲养的宠物都是可以的。

其次，必须要有一大堆的创意，有想法才有好剧本。不知道怎么才能有好创意？别急，本书的第二部分会专门教你做创意。

李二狗克力克

作品数：153　/　获赞量：1892.3万　/　粉丝量：103.8万

走红原因

● **萌宠元素吸睛**

观众对萌宠的喜爱度往往远高于真人。有时候狗的一个灿烂笑容就能斩获远比主人还要高的点赞量和粉丝量。

● **特点鲜明**

最初"李二狗克力克"出名的原因是在众多拆家小能手哈士奇里，喜欢睡觉的克力克显得那么与众不同。克力克睡觉时怎么叫都叫不醒的特点让它吸引了观众的注意，毕竟像它这么懒又这么能睡的哈士奇着实少见。

● **造型百变**

不看不知道，原来萌宠短视频还能这么玩。打开"李二狗克力克"的短视频，发现克力克这只狗既能妖娆妩媚，也能眼底深邃地望向诗和远方，高兴时可以"高歌一曲"，羞涩时又能娇羞地朝你憨笑，更厉害的是做梦还会说梦话……

● **内容轻松，信息简单**

多数人玩抖音的目的是为了放松、娱乐，看一些不费脑力又轻松愉悦的视频，萌宠类短视频则刚好满足了这一需求。"李二狗克力克"在视频中并没有进行什么高难度的动作表演，恰恰是日常生活的小举动成功掳获了观众的心。

借鉴意义

某一天，一只喜欢睡觉的哈士奇突然就在抖音上出名了，它的嗜好独特，就连名字也与众不同，这只狗就叫"李二狗克力克"。它唯一的爱好就是睡觉，而且还是睡到天荒地老，主人叫都叫不醒的境界。主人不禁在视频中吐槽它"除了吃喝拉撒其余的时间都在睡觉"，可谓狗中的奇葩。

宠物们天真可爱，可以让观众放下戒心，成为人们放松心情的最佳选择。"李二狗克力克"的"傻""贪睡""懒"等一系列特点让观众看了不禁嘴角上扬，因为它真的是太可爱了！

试试看

对于大多数人来说宠物的一大特征就是天真、忠诚，像一个忠实的小伙伴。它们偶尔的一些小举动都会让主人觉得异常可爱，也让观众备感温暖。

萌宠的日常片段类视频对时长要求很低，简简单单的小片段就能轻松抓住观众的心，难就难在如何恰到好处地抓拍到宠物萌萌的动作，这是考验主人与萌宠心电感应的时候。主人不妨多关注自己家的小萌宠，没事儿就给它们几个镜头，拍得多了，自然就能拍出有趣又精彩的小视频。

家有萌宠的话就用手机为他们打造一条成名之路吧。

05 技术流操作

黑脸 V

作品数：97　/　获赞量：1.6亿　/　粉丝量：2613.4万

走红原因

● 剪辑技术极佳

　　"黑脸 V"凭借剪辑技术吸引了非常多的粉丝。在视频中，他将剪辑技巧运用得出神入化，说明了掌握视频剪辑与特效制作能力是多么重要的一件事。

● 神秘感爆棚

　　正如他的抖音用户名"黑脸 V"，在发布的所有短视频中他从不露脸，保持着神秘感。走红以来，网友们不断地猜测"黑脸 V"到底是谁，而时至今日粉丝们也不知道"黑脸 V"到底是谁。

● 创意不断

　　开设抖音号后，"黑脸 V"一直坚持自我创新，每一次都能让观众耳目一新，他的创意不仅体现在视频特效中，还体现在剧情里，在这个崇尚原创的时代，"黑脸 V"的走红是必然的。

● 富含情感，极具感染力

　　如果你以为"黑脸 V"的视频只会炫技那你就错了，他的视频里没有耍帅的内容，更多的是想要教会观众一些事情，传播正能量。当道理用这种炫酷的方式展示出来时，人们自然是爱看的。

借鉴意义

作为抖音平台的流量担当，"黑脸 V"在众多美颜与魔鬼身材中独树一帜，他总是以一副"黑脸"示人，神秘又帅气。

作为抖音里为数不多的技术流玩家，其短视频作品往往给人以强烈的反差冲击感，技术带来的炫酷让现实中做不到的事情都变得轻而易举。

最值得学习的还是"黑脸 V"本人的才华与创意。技术永远为内容服务，缺少吸引人的内容，技术也站不住脚。他在视频中的创意独具一格，有的还具有教育意义，但是却丝毫不令观众反感，传递的正能量值得学习。

试试看

网友们永远是想要知晓真相的，所以在内容精良的同时适时地营造神秘感便能让网友欲罢不能。既然抖音上已经有了一个"蒙面大侠"，再继续借鉴这种不露脸的方式或许会令人见怪不怪甚至有些抄袭嫌疑。当然，如果短视频非常精彩的话依然能收获大批粉丝。

创意必不可少，诸位在日常玩抖音的时候千万不要看完就手指一划，不妨细细回味一遍，这个视频里到底哪里吸引人，有什么不一样的地方，积累多了，创意就在不经意间跑出来了。

建议诸位在探索如何拍摄抖音短视频的同时，自主学习并借鉴那些粉丝量高的抖音玩家的视频剪辑手法，同时积极实践。那些早已经掌握技术的伙伴们，还在等什么？赶快拍起来吧！

生活小妙招

作品数：61 ／ 获赞量：837.4 万 ／ 粉丝量：202.8 万

走红原因

● 简单易行

在快节奏的伴奏下，几个简简单单的动作剪辑加上文字说明，让观众非常轻松地就学到了一些生活小妙招，而且想要尝试的时候也不会觉得很困难。

● 材料易取

这类生活小妙招都有一个特点，就是材料简单易取，一根吸管、一个塑料瓶、一根绳子，甚至一瓶小小的护手霜也可以产生想不到的妙用。

● 贴近生活

创作者提供的生活小妙招都与我们的生活息息相关，并且是时常会用到的。该类视频贴近观众的日常生活，更可贵的是它能够在教会我们生活技巧的同时为生活增加情趣。

● 富含创意

生活小妙招提供的一些小技巧真的会让人产生一种"从来不知道一些生活技能竟然可以如此简单"的感觉。视频中提供的小技巧往往是几步解决问题，简单易行，但自己却从来都想不到。

● 信息密集

一个短短的视频，可以教会观众很多小技巧，令人看完以后很有收获感，忍不住想点个赞。

借鉴意义

生活小技巧类的短视频内容丰富，可以包含方方面面的内容。例如，如何轻松开酒瓶，怎样将家里的锅刷得更干净，怎样修复凹槽，以及生活小物件的妙用，精致小物品的制作等，可以让观众在玩抖音的过程中轻松学习到生活小妙招和富含美感的手工制作。

试试看

论拍摄技巧，无非就是将重点的实践操作过程录制一遍，后期将视频速度加快，既要让观众看得清楚明白，又要演示得干脆利落。同时配上自己清晰到位的解说，简直完美。

日常生活中，大家肯定有许多自己觉得非常有用，但是很多人可能还不知道的生活小妙招，何不将它们分享出来，收获观众的好评呢。

机灵头

作品数：13 / 获赞量：504.9 万 / 粉丝量：110.9 万

走红原因

● 风格独特

在观看"机灵头"的视频时，第一个感觉是他怎么总是穿着同样的衣服？黄外套和黄裤子，带 LED 灯光的运动鞋。这样的装备打造出一个独特的"机灵头"，在人来人往的大街上跳着舞，给观众留下深刻的印象。"机灵头"给人的第一印象就是有特色，也就是"不一样"，能做到与众不同就已经成功了大半。

● 舞蹈炫酷

"机灵头"的街头舞蹈总是很有动感，看起来很炫酷，流畅有力的动作，富有节奏的背景乐，带给观众视觉上的享受。

他随着音乐舞动时，带着屏幕前的大家也跟着一起律动。舞蹈的魅力就是能感染身边的人，"机灵头"就做到了。

● 才艺出众

这种才艺类视频最重要的还是基本功，基本功扎实是收获粉丝的基础。

借鉴意义

学会塑造自己的形象，突出自己的特色，把才华包装起来。可以是服装，可以是首饰，可以是固定地点，让观众看见某样东西就能想起自己。

当然，台上一分钟，台下十年功。对才艺类视频来说过硬的基本功是基础，基本功扎实才有可能收获大量的粉丝。

试试看

舞蹈类视频实现起来门槛高，不容易模仿，如果想试试，又没有基础，建议可以从简单的舞蹈起步，跳一些有趣的舞蹈，为自己设计一个标志性的物品。除此之外，加入其他元素、道具，为舞蹈编入一段故事情节都是很不错的想法，大胆加入自己的创意吧！

线条君 LineDancer

作品数：99 ／ 获赞量：1974.3 万 ／ 粉丝量：421.6 万

走红原因

- 一样的艺术，不一样的表现形式

  "线条君 LineDancer"的视频是舞蹈教程，也是艺术表演。这两类视频在抖音里可谓是遍地开花，如果没有足够的才艺很难做到很好。但是"线条君 LineDancer"却能够在作品数只有 99 个的情况下获得 421.6 万的粉丝。因为，虽然是同样的内容，但是前者是人在表演，而后者却是线条人在表演。这种新颖的表现形式在一众帅哥美女中突出重围，吸引了大量粉丝的关注与喜爱。

- 热点很重要

  除了形式新颖，在内容上，"线条君 LineDancer"更是紧追热点。抖音上什么舞曲火，线条君便表演什么舞曲，达到了很好的传播效果。

- 文字诠释与舞蹈教学

  因为是舞蹈教学类视频，因此除了线条人的舞蹈，"线条君 LineDancer"还利用文字字幕来解释动作流程。为了有趣，"线条君 LineDancer"的文字字幕大多采用谐音字，产生了一定的搞笑效果。

借鉴意义

当同一类型的内容在抖音上已经到处都是的时候，说明这类内容很受观众的喜爱，同时也说明，按照相似的套路去模仿也许很难成功。这时候，我们应该从其他角度去想办法诠释。"线条君 LineDancer"便是一个很成功的案例。

搞笑、娱乐是大部分抖音观众想看的内容。因此，追踪热点的同时适当增添娱乐元素能为自己带来大量的观众。

试试看

寻找抖音上火爆的内容，想一想还能有其他什么形式能够诠释它，不要限制自己的思维，很多时候，越是觉得不可能的形式越是宝贵。

从能想到的形式里寻找一个自己能够持续表达或模仿的形式

去试一试。视频内容尽量和抖音上最近火爆的内容相关，这样能更好地为你带来粉丝的关注。另外，好的视频文案，也会带来意想不到的结果。

匠心 18

作品数：72 ／ 获赞量：16.6 万 ／ 粉丝量：6.0 万

走红原因

● 正能量

虽然"匠心 18"的粉丝数量不多，但其凭借精良的制作技术成功跻身抖音正能量排行榜前 20。"匠心 18"主要分享的是中国传统工艺品知识和制作它们的匠人的故事。

能在现代快节奏的生活中，静下心来，做自己喜欢的事情很不容易。在"能在而立之年找到一份热爱的事业是多么幸运。择一事终老"的视频中就有一位匠人，年过 30 找到了自己喜欢做的事情——根雕。伴着轻缓的音乐，匠人把自己的故事向大家娓娓道来，视频中还穿插着他用南瓜练习雕刻的片段。

● 内容丰富，真材实料

"匠心 18"发布的作品内容涉及漆器、剪纸、机关盒、木雕、瓷器等众多方面的知识，内容丰富。例如，"门上贴的金牛图，有什么寓意"的视频中讲解到：门上贴的金牛图，代表太上老君保佑你们家，谚语唱的是"正月二十三，老君散仙丹。家家贴金牛，四季保平安。"

● 风格相符的背景音乐

"匠心 18"大部分用的都是比较舒缓的、有中国风韵味的纯音乐。伴随着视频内容的展现，让观众浮躁的心平静下来。在讲述天青色的瓷器时，配的是歌曲《青花瓷》，歌曲和瓷器相得益彰，有一种古色古香的韵味。

借鉴意义

虽然一般人很难达到匠人的水平，但是可以拥有匠人的心态。只要对传统文化感兴趣，且静得下心，能始终如一，那就很适合这类视频。

试试看

首先，对传统文化和中国风感兴趣。

其次，静下心来，沉浸在自己喜欢的领域中深入学习，可以借鉴"匠心18"分享的视频。

最后，向大家分享自己的所学、所思、所想。

06 有趣的灵魂

觅世

作品数：72　/　获赞量：748.4 万　/　粉丝量：105.5 万

走红原因

● 情怀

　　"觅世"的介绍中写道"发现世间温暖"，分享的视频是"觅食"也是"觅世"。在他的视频中，不仅能够看到那些诱人的美食，还能看到背后那些制作美食的人，用他们的口吻向观众介绍他们自己与美食之间的故事。

● 与大咖合作

　　"觅世"会拍摄抖音上一些达人背后的故事。让那些带给我们欢乐、陪伴着我们的达人们在"觅世"的视频中做回生活中的自己，展现出与自己发布的视频中不同的一面。

● 有共鸣

　　"觅世"的视频除了那些大家熟知的抖音作者外，还有店铺老板、路上的老爷爷等这些在我们身边的人的生活，有辛酸也有欢乐。视频向我们揭示出生活的真相，很容易让观众产生共鸣。

● 正能量

　　"觅世"所有的视频中都在向大家传播正能量。那些生活在"聚光灯"下的达人们活的并不是大众想象的那样，他们生活得并不轻松。为了吸引观众，每时每刻都在绞尽脑汁地想办法拍出大家喜欢的视频。而我们身边的那些普通人，不论贫穷或富有，也都在努力地生活着，不妥协、不放弃。

借鉴意义

情感类的视频永远都不缺流量，像这类视频就像冬日里的阳光温暖人心，很容易受到大家的欢迎。

试试看

想一想自己身边发生过哪些温暖过你的事情或者带给你感动的人，把他们记录下来，往往身边的事情最能引起观众的共鸣。

千万不要买

作品数：88 ／ 获赞量：904.5万 ／ 粉丝量：166.4万

走红原因

● 正话反说

看到"千万不要买"，大部分人肯定都以为是介绍作者购物的血泪史，并提供购物"黑名单"的视频呢。但其实，"千万不要买"的每个视频都是在介绍商品，甚至后面还贴心地加上了购物链接，真的是让人哭笑不得。

● 反差感

背景音乐一直是大家耳熟能详的播放天气预报时的配乐，每次听到都会让人自然而然地想起天气预报员专业的播报声音。但是在这里却配上了作者介绍商品的声音，这种反差就会给人留下深刻的印象。

● 有趣的配音文案

在推荐商品的视频中，一般都会尽量极力地称赞产品，但"千万不要买"的视频却是不按常理出牌。例如"男人就应该送一面镜子给女友，照亮她的……黑头。"真要这么干，这样的男生怕是又要恢复单身了。

借鉴意义

"千万不要买"走的路线是塑造反差感，当观众觉得应该这样时他偏偏就是反其道而行之，这时候就激发了观众看下去的欲望。

 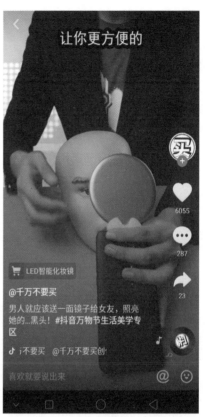

试试看

首先，找准定位。每个类型的视频都有着观众熟悉的套路，因此，要先明确自己到底想做什么领域的视频，这一领域具体有哪些套路。

其次，摸清原本的套路之后就是发挥个人创意的时候了，想想怎样能出其不意。

最后，把自己创造出的新套路实现并分享出来。

一禅小和尚

作品数：288 ／ 获赞量：1.9亿 ／ 粉丝量：4231.8万

走红原因

● 禅意禅心

"一禅小和尚"的视频内容多数是禅意小故事，这样的文字能引发观众的共鸣，提高讨论度，吸引观众看作者创作的其他视频内容。

拥有自己独特的风格，说着关于感情的话语，获得观众的共鸣，这些让观众喜欢上了这个小和尚。例如下面的这个例子。

小和尚："师傅，怎样才算合适啊？"

师傅："就是你心里的缺口，他正好能补上吧。"

小和尚："什么意思啊？"

师傅："每个人生来心上都有一个缺口，冷风呼呼地往里灌，所以我们急切需要找到一个正好形状的心，来填上它。不一定是要太阳一样完美的圆形，也可能只是一个歪歪扭扭的锯齿形，这就叫合适。"

怎么样，产生共鸣了吗？

● 一个不只会念经，还什么都会的小和尚

除了禅意小故事外，作者有时还会用小和尚的形象配合搞怪的剧情，例如让小和尚吹唢呐，这种意料之外的视频，给予观众不一样的观看体验。

小和尚不仅在禅意方面吸引了大量观众，在搞怪领域也是不甘示弱。不同的视频内容，吸引到不同领域的观众，也给作者提供了更多的创意发挥空间，可谓是一石二鸟。

● 一以贯之的小和尚

在 207 个视频中，主人翁都是这个可爱的小和尚。对于忠实观众来说，他已经不是一个虚构的人物，而是生活中不可缺少的朋友。或是消遣，或是期待，每个观众在小和尚身上都有不同的需求，但相同的是，大家都喜欢这个一直陪伴自己的小和尚。

借鉴意义

内容是精髓。"一禅小和尚"的每一个禅意故事都有深意。创造出一个人物后一定要使之有血有肉，加强观众的代入感，用心讲故事，这样才能让观众把故事记在心里。

偶尔也可以做些不一样的内容来调剂，无论是禅意还是搞笑，用心去产出才能收获关注。

试试看

动画的方式借鉴起来可能有点困难，毕竟不是每个人都是动画高手。但是，除了动画，用简笔画、漫画，甚至表演的方式来呈现内容都是可行的。内容至上，表现形式只是辅助工具。大家可以借鉴"一禅小和尚"创作禅意小故事的形式，用虚构人物的视角去讨论一些善恶爱殇，引导观众产生共鸣，让观众喜欢上这个创造出来的人物。

小沈龙脱口秀

作品数：54　／　获赞量：533.2 万　／　粉丝量：135.6 万

走红原因

● 剧情加方言，搞笑元素

"小沈龙脱口秀"就是讲故事，一个个幽默短小的故事让人看了不禁哈哈大笑。再加上自带笑点的东北方言、抑扬顿挫的语调和轻重缓急的语气，真是让人欲罢不能。

● "家里人"的身边事

视频里的主人翁都是作者的家里人，包括爸爸、妈妈、媳妇儿等，让观众相信这是一个个真实的搞笑故事，熟悉的人物也能让观众联想到更丰满的形象，更有代入感。

● 跳跃的快闪文字

采用的文字形式让人一看就懂，不会产生歧义。而且一句一句在屏幕上弹出的形式很有视觉冲击力。浅蓝色的背景配上红色和黑色的字体，非常吸引眼球。

借鉴意义

幽默可以来自一个剧本、一段笑话，甚至一个语气，灵活运用语言，创造出一个幽默的世界。不论什么类型的视频，加入幽默元素便能在最短的时间内抓住观众的心。

试试看

制作这类视频的前提是要有创意，一个能逗笑观众的好玩的故事，靠的就是有创意的剧本。平时要多积累搞笑素材，多关注一些最新的相声、小品，或者比较优质的笑话网站，以及走诙谐路线的明星、博主等。

呈现形式可以是声音、画面、图画等，只要能玩得漂亮，包袱抖得响，就可以博观众一笑。如果这方面有些欠缺，可以参考相声大师的语言技巧，学学别人是通过什么样的方式达到搞笑的效果的。

爆笑小惠

作品数：93 / 获赞量：967.6 万 / 粉丝量：133.7 万

走红原因

● 贴近生活

　　视频中所讲述的笑话大多取材于生活情感方面，有"给老丈人送彩礼要分期付款""男生在家该不该做家务""男生一个月挣多少钱能养活你"等话题。该类视频贴近观众的日常生活，将一些日常生活的小故事编成笑话再配上变化的文字，便成就了这种"纯字幕爆笑视频"。

● 信息量丰富

　　短短的视频，通过东北话、四川话等各地方言或电音的变化，并配合大小、形状、位置不断变化的文字，让观众不仅在听觉上接收到强烈的冲击，还在视觉上感受到文字变化带来的丰富多彩的内容，在多个感官上给观众带来"爆笑"的体验，令人看完后在哈哈大笑的同时，会忍不住继续查看更多的视频，既是消遣，也是满足。

借鉴意义

　　"爆笑小惠"的短视频内容丰富，题材新颖且贴近生活，内容基本来自于家人、朋友、爱人之间的日常对话。例如其中一个视频是这样的。

　　女儿：妈，我处对象了。

　　妈：嗯。

女儿：你应该问多大。

妈：多大啊？

女儿：大五岁。

妈：比我大五岁还是比你大五岁？

女儿：你是……

像这样充满新意的对话，谁看了不笑呢？

简单的文字视频制作方式配上搞笑的方言，制作简单，内容搞笑，贴近生活。

试试看

制作这样一段纯字幕短视频，内容上只需要任意找一段笑话，若能从身边的小事入手，自己编一段笑话自然更好。然后，配上自己家乡的方言，如果方言大家听不懂，可以用抖音的电音代替。最后，文字制作可以用 After Effect 软件或者手机自带的 App 完成。就这样，一段纯字幕短视频就诞生啦！

在你的日常生活中和爸妈、男（女）朋友有什么搞笑的对话，也可上传抖音，与大家分享生活中的乐趣。

萌芽熊

作品数：63 / 获赞量：4900.1万 / 粉丝量：1017.6万

走红原因

● 拟人化的植物

　　"萌芽熊"主推的形象叫"熊童子"——一株长得像小熊的植物，其主要功能是卖萌、倾听、陪伴、拥抱。将植物做成胖乎乎可爱的模样，淡绿色的皮肤富有生机，十分清新。小熊的形象也一直很受女生的欢迎，让人看了备感温暖贴心。

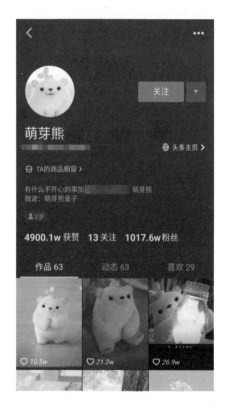

● 动画形式

　　简短的视频像是一个个短小的故事，熊童子像人一样做事，说着人类说的话，表达着人类的喜怒哀乐，十分亲切。

● 内容有内涵

　　小小的故事复刻了我们平凡的生活，包含着有关亲情、爱情、友情的深刻内涵。例如，萌芽熊在中秋节时做好饭等待家人回家的画面，便演绎出了儿女不归家时老人的孤独，也是想让忙于工作的子女多回家看看父母，这样的温馨故事让人感觉心都被暖化了。

借鉴意义

　　如果对这类题材感兴趣，可以尝试用不同的载体来将正能量、温馨的故事分享给大家。帮助一些人弥补某些缺失的感情，用视频给予他们慰藉。这就不仅仅是实现了自身的想法，更是给更多需要安慰的人送去了温暖。

试试看

首先，要有能够实现动画效果的技术，才能制作出一个令人满意的动画形象。

其次，要明白想传递给人们什么，无论是温暖的故事还是深刻的哲理，只要能真诚、完整地表达出来就可以。

人民网

作品数：558 ／ 获赞量：5268.9 万 ／ 粉丝量：267.8 万

走红原因

● 权威而又接地气

作为人民网在抖音上的官方账号，它的权威性是毋庸置疑的，但是人民网的抖音号并没有沿用官方媒体的那种严肃刻板的风格，反而有时语言还带着一点儿可爱，从标题中就能感受到那么一点活泼。例如，"公交坐反了，女大学生'暴雨梨花式'哭着报警"的视频，便是用比较受欢迎的字幕和表情包做的。

● 紧随时事

紧跟时事新闻，时效性很强。例如，最近港珠澳大桥刚正式通车，人民网的抖音号就发布了相关视频"港珠澳大桥正式通车，10 秒带您实地感受中国'超级工程'！"，以第一视角向大家展示了港珠澳大桥的雄伟。

● 正能量

人民网的抖音号分享了很多社会上好人好事的短视频，有"公交车上手机遭窃，司机师傅一声吼，小偷抖三抖，扔下手机落荒而逃……为司机师傅点赞"，也有"千钧一发只为挽救生命！永远是最帅的逆行者！再见，消防战士！你好，消防员！"……向大家展示了温暖人心的社会正能量。

借鉴意义

官方账号给人的感觉一般比较严肃、刻板，但是在抖音上不妨灵活一点，展示出活泼的一面。在有趣的同时确保信息真实可靠，维护好官方媒体的权威性。

试试看

根据自己的风格设定发布短视频，把设定的调性与想要发布的内容相结合，创作出独具风格的视频。

07 手巧是真的

纸上喵酱爱画画

作品数：220　/　获赞量：701.4 万　/　粉丝量：193.4 万

走红原因

● 实用

　　"纸上喵酱爱画画"分享了各种手抄报和创意手工的制作方法，是小学生的手工作业拯救者。其视频的风格以可爱为主，内容适合小朋友。

● 巧借势

　　例如，在一些偶像的生日到来前教观众画倒计时的手账，中秋节教大家画

玉兔、做灯笼，国庆节教大家做手抄报等。

● 成品都很可爱，能吸引人

● 简单易操作

因为所做的都是针对小朋友的简单的手工，所以制作方法简单，且只需要纸、彩笔、剪刀、胶水这些常用材料即可，适合家长跟孩子一起动手制作。

借鉴意义

这种风格非常适合心灵手巧的人进行尝试。不需要搞怪卖萌，不需要天生的好嗓子，只需要一个一个实用的手工小技巧就可以。

试试看

想一想自己都会哪些手工、美术类的东西，动动手列举出来。

记得要随时关注各个节日、重要事件纪念日等，想尽一切办法让所做的手工与它们相关，流量越高的主题越能带来更多的播放量和观众。

阿狸的手工创艺

作品数：133 / 获赞量：354.0 万 / 粉丝量：107.4 万

走红原因

● 技能教学

相较于舞蹈、音乐等题材的视频，"阿狸的手工创艺"在娱乐之余为大家带来了真正实用的手工技能教学。对抖音上的观众而言，但凡是有学习做手工的需求便很难不被其吸引。

● 用材简单

"阿狸的手工创艺"视频用材简单，在大部分教学视频中，彩纸、剪刀、胶水便是用到的所有器材。这些东西对于观众来说很容易准备。

● 清楚最重要

除了用材不会让观众望而却步，清楚的步骤讲解也是"阿狸的手工创艺"得到众多观众喜爱的原因之一。除了活泼的配乐，清新的滤镜，"阿狸的手工创艺"的视频还增加了文字步骤说明，如"分为 5 等分""1、3、5 三条线粘上胶水"等。

这种文字说明一方面体现了"阿狸的手工创艺"对观众的用心体贴，另一方面降低了观众学习手工制作的难度。

借鉴意义

"阿狸的手工创艺"的系列视频的拍摄成本很低。对于没有才艺的人而言，手工创意类教学视频更容易上手。教学视频最重要的便是让观众通过很简便的步骤轻松学会手工制作，所以在使用材料上越日常越好，在视频讲解上越清楚越好。除了这些，让观众觉得做出来的东西很有吸引力也很重要。

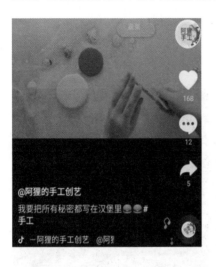

试试看

首先，要有一项技能，例如折纸、编织等，不一定需要有多厉害，关键是你能变着花样玩。

其次，要有创意，利用简单的技能和器材做出让人惊叹的作品。

注意，在拍摄时要选好滤镜、配乐等，营造出舒适的环境，让观众能够看得下去。视频后期要进行编辑，在关键步骤和较难的步骤中加上文字讲解等，力求让观众能够轻松地明白每一步怎么做。

最后要做的便是稳定、持续地输出视频。

红绳缘编织人生

作品数：431 ／ 获赞量：164.1万 ／ 粉丝量：109.1万

走红原因

- 垂直内容

"红绳缘编织人生"和"阿狸的手工创艺"相同，也是做手工教程视频。不同的是，前者专注于编织，后者专注于折纸。并且"红绳缘编织人生"的编织视频只专注于手链编织。因此在视频内容上更专注，也更垂直化，能够吸引到很多有编织手链需求的观众。

- 简单相似的手法，不同创意的作品

仔细看"红绳缘编织人生"的手工编织视频就会发现，其手工编织的方法大多相似，且都很简单，能让观众轻松地学习手链编织。另一方面，尽管编织方法相似，但是每一个手链都有着不同的创意。

- 文案与作品选择，巧妙迎合观众

手链编织的爱好者大多是年轻女孩，"红绳缘编织人生"很巧妙地利用了这一点。视频的文案以及手链的名称很多都符合小女孩的心思，例如将手链取名"玲珑骰子安红豆"，在文案中写"某明星同款"等。

借鉴意义

对于具有手工艺特长的人来说，运营抖音号的确占有一定的优势。但是找到自己的优势是第一步，成功的运营还需要更多的创意以及对观众的特点和需求的把握。如何把干巴巴的教学过程变得有趣简单，让观众能够学得下去很重要。专注于同一个内容对于运营者的创新能力来说有很大的挑战，但是如果能坚持下去便能得到意想不到的效果。

要根据内容定位自己的观众人群，借用视频配文和互动中的留言来留住观众，从而将简单的技能教学视频变成一件有意思的事情。

试试看

首先是寻找自己的特长并选择一个相对比较小的范围。例如，擅长编织的话可以只做手链编织，擅长画油画的话可以选择只教油画等。

确定了要做什么，接下来便是要确定内容的观众群体。认真分析与把握观众的心理，在视频文案上下功夫吸引他们的注意。同时也可以在评论互动中让观众感受到自己的认真与情怀。

娘娘手工生活

作品数：285　/　获赞量：483.5万　/　粉丝量：117.6万

走红原因

● 对观众的精确定位

同样是手工制作，与"阿狸的手工创艺""红绳缘编织人生"相比，"娘娘手工生活"最大的特点便是对观众的精准定位。

"娘娘手工生活"针对的观众主要是学手工的小孩子、教手工的老师以及父母。因此，她所教的作品大部分都是适合小孩子的手工贺卡，配乐与作品风格也尽量从儿童的角度出发。

● 与节日热点结合

除了对观众的精准定位，"娘娘手工生活"还擅长利用节日热点。例如，国庆节的小红旗，中秋节的月饼等。在节日到来前几天便陆续推出与节日有关的不同的手工制作视频，吸引观众关注。

● 慢教程，更清楚

为了讲清楚、教明白，"娘娘手工生活"会上传相应的慢视频，便于观众学习。

借鉴意义

精确定位观众可以更有效地吸引观众的注意，也有利于对观众做出针对性强的内容设计。"娘娘手工生活"便是抓住了这一点，无论配乐还是作品都是针对儿童专门设计的。

借助节日送贺卡的需求来吸引观众是借助热点的一个方式，能在短时间内有效地引起观众关注。

试试看

找到自己擅长的领域，选择一个相对较为明确的观众群体，尝试做垂直内容的积累。

在这个过程中要认真分析观众群体想要得到什么。无论是作品还是视频呈现方式，都应该以观众为中心。借助节日等相关热点，提前准备好内容。尽量选择器材简单，但是不失创意的作品。尝试用最简单的器材做出最有创意的作品，并且将其讲清楚、讲明白。

九耳猫的美术课

作品数：96　/　获赞量：873.5 万　/　粉丝量：260.6 万

走红原因

● 小巧思，易操作

例如，很受观众欢迎的小人表白卡。从塑料层抽出纸片，里面的小人身上就有了"I LOVE YOU"和桃心。简简单单的纸片，用马克笔涂鸦，再加上几笔胶水，在"九耳猫"的手下转眼就成了充满趣味与创意的作品。跟着她的视频教程学习，每个人都可以进行自己的手工创作，拥有自己的美丽小卡片。

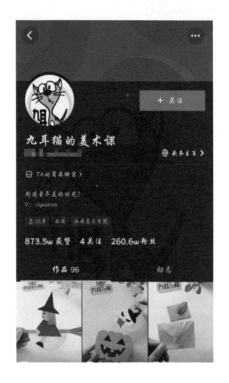

● 兼具趣味性与实用性

基本上"九耳猫"发布的所有视频都会有人评论"好玩儿"，这说明吸引观众的一个重要因素就是让观众认为这个东西有趣。同时，"九耳猫"在视频中分享的趣味贺卡、手抄报模板等的制作方法都是充满新意且实用的，尤其是对热爱手工的人来说。

● 紧跟热点

"九耳猫"的很多视频都是根据近期热点来创作的。例如，情人节期间推出制作充满创意的表白小卡片与贺卡的视频，临近国庆节又专门出了几个美观且简单的国庆手抄报模版视频等，评论里的家长与学生大呼有用。

借鉴意义

对于不擅长教孩子手工制作的家长来说，"九耳猫"是个大救星，这种简单易行的手工类教程满足了众多观众的需要。

"九耳猫"的手工视频令孩子们在紧张的学习压力之外能够学到更多课堂之外的东西,为孩子们带来了艺术思维。

人人都有一颗热爱美好的心,通过创作的方式将这份美好表现出来,这也是短视频存在的意义。

试试看

把你的绝活亮出来吧!简单的素材加上创新的头脑,一切简单的东西都会变得不凡,最困难的就在于如何激发那难以抓住的灵感。多从别人的视频中找方法,不断借鉴,便可熟能生巧。

有趣的手工制作配以轻松的音乐,下一个手工达人便产生了!

巧手姑娘是仙女

作品数：154　/　获赞量：507.4 万　/　粉丝量：92.0 万

走红原因

● 人美手巧人人赞

　　心灵手巧是一个女生除了外在以外，更为吸引人的一种魅力。现在越来越多的人喜欢用手账的方式记录美好，做些精致小巧的手工来打发业余生活。"巧手姑娘"不仅人长得好看，心灵也美。除了爱做手账外，"巧手姑娘"还会做一些小手工，这么一个人美手巧的姑娘难怪观众都喜欢！

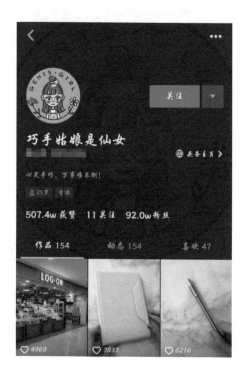

● 分享实用物品

　　把自己用过的好用物品和观众分享，讲解好物中的"小心机"。和其他物品推荐相比，"巧手姑娘"推荐的物品很实用，不仅适用于手账党、学生党，还适合很多做文职工作的人。

借鉴意义

　　用文字记录自己的美好生活，并将自己平时爱用的好物推荐给观众，也不失为一种与别人分享美好生活的好方式。同时，在抖音去中心化的平台上，每个人都可以成为达人，每个人都可以和陌生人分享自己的美好生活。这对于不擅长唱歌跳舞却想和大家分享的人来说是容易尝试的一种方式。每个人都可以把自己的书写经验、学习方式、爱用好物等用自己的方式和观众分享。

试试看

首先找到自己感兴趣的爱好，可以是旅行也可以是购物。尝试把自己有经验的事情或物品讲解清楚，并说出其中的奥秘。

思考！找到你的方向

　　我们根据霍兰德职业兴趣量表原理，打造了一款诚意满满的测试题，参考测试结果，选择自己的抖音号的内容方向吧。

　　请根据自己的第一反应作答，不必仔细推敲，答案没有好坏、对错之分。

（1）跟朋友在一起聚会时，你通常是活跃气氛的那一个吗？

　　　是的——转第 3 题

　　　不是——转第 2 题

（2）在空闲时间，你更倾向于独处吗？

　　　是的——转第 7 题

　　　不是——转第 3 题

（3）你愿意尝试各类美食或已经知道很多美食了吗？

　　　是的——E

　　　不是——转第 4 题

（4）你会做很多美味可口的饭菜吗？

　　　是的——E

　　　不是——转第 5 题

（5）你喜欢并能够到处旅游吗？

　　　是的——B

　　　不是——转第 6 题

（6）你拥有或打算拥有至少一个宠物吗？

　　　是的——F

　　　不是——转第 7 题

（7）生活中你会不会总能想出很多有趣的段子？

　　　是的——G

　　　不会——转第 8 题

（8）你拥有至少一样值得骄傲并且能教给别人的技能吗？

　　　是的——D

　　　不是——转第 9 题

（9）你觉得自己是一个很有耐心的人吗？

　　是的——转第 10 题

　　不是——A

（10）你会不会一些别人不会的酷炫技能？

　　是的——D

　　不会——转第 11 题

（11）你喜欢做手工，并且做得还不错吗？

　　是的——C

　　不是——A

参考答案见下页。

A. 这是最容易上手、最好学习的一部分，适合对自己还没有明确认识的你。可以重点参考"进阶知识大放送"这一章节的达人都拍摄了哪些方面的内容，并对自己的视频内容进行规划。

B. 你脑子里有满满的干货，是不是很想分享给大家呢？可以重点参考"干货分享"这一章节的达人都拍摄了哪些方面的内容，并对自己的视频内容进行规划。

C. 你有一双灵巧的手，你很有耐心，并会许多别人不会的小手工。可以重点参考"手巧是真的"这一章节的达人都拍摄了哪些方面的内容，并对自己的视频内容进行规划。

D. 恭喜你，你会别人没有的技术哦，这是你的竞争力所在。可以重点参考"技术流操作"这一章节的达人都拍摄了哪些方面的内容，并对自己的视频内容进行规划。

E. 你是一个爱吃、爱玩，拥有有趣的灵魂的小可爱。可以重点参考"美食的诱惑"这一章节的达人都拍摄了哪些方面的内容，并对自己的视频内容进行规划。

F. 你是一个非常热爱小动物的人，并且拥有萌萌哒的小宠物。同时，你的幽默细胞也不少哦。可以重点参考"蠢萌动物"这一章节的达人都拍摄了哪些方面的内容，并对自己的视频内容进行规划。

G. 你是一个有趣的人，拥有无尽的幽默细胞。生活中，你总是大家的开心果，跟朋友在一起时，你总是能有效活跃气氛的那一个。可以重点参考"有趣的灵魂"这一章节的达人都拍摄了哪些方面的内容，并对自己的视频内容进行规划。

Step 2

创意——
修炼最关键的一步

01 营造你的 IP

给自己贴个标签

在 IP 盛行的今天，营造好自己的 IP 能有效地将自己推广出去，IP 就像是自己面对公众的形象。例如，看到职场美食类型的短视频，会想到"办公室小野"，看到快语速搞笑吐槽类型的短视频，会想到 papi 酱。那么，如何在抖音里营造自己的 IP 呢？下面介绍 4 种方法。

贴标签

贴标签，换句话说就是寻找到自己的调性，找到自己擅长的内容。可能是模仿秀，可能是分享知识，也可能是搞笑或者其他的方向。如何创造出自己的个人标签呢？首先要做的就是创作出差异化原创短视频。没有差异化，视频很难被关注，没有原创，就不能走很远。

如果个人技能很出色，可以持续输出原创视频，例如：烹饪、歌舞、乐器等方面的内容。将自己擅长或者喜爱的技能发挥到极致，用有趣的方式分享出来。

在决定输出技能之前，首先要做的是定位，定位自己的技能是什么，定位观众是哪些群体，并思考他们为什么成为你的观众。接下来要考虑的就是如何满足观众的需求，在这个过程中可能还需要学习很多东西，例如怎样把短视频做得更好看，怎样在短时间内把内容做得更丰富等。

不要认为自己的技能没有价值，也不要认为自己什么技能也没有，因为分享本身是一件很有意义的事情。如果不能分享完美的结果，也可以分享努力尝试的过程。

充实自己的创意库

持续的输出过程中有一个很大的挑战，就是内容与创意的来源。如何去丰富自己的库存，增加内容与创意呢？有一个很简单的办法，那就是学习抖音中其他用户的短视频。

去看那些点赞量高的短视频，总结他们获赞量高的原因。同时，去看那些没什么点赞量的视频，想一想问题出在哪里，如何去修改它。

一定不要面面俱到

内容垂直化指的就是坚持发调性统一的短视频。也就是说，一个账号最好只专注于一方面的内容。千万不要今天发街舞，明天发育儿，后天再来个美食烹饪。需要坚持做自己贴标签的内容，保持调性统一。

坚持下去很难，但是长期积累能让个人 IP 逐渐清晰。明确自己是什么样的风格，什么观众喜欢这样的风格，抖音也能根据发布的短视频类型来向这类观众进行推荐。

带粉丝一起玩

对于抖音来说，与观众打成一片更能体现账号的价值。因为抖音会根据短视频的点赞量与留言量来判断这个账号内容的质量，从而判断该账号是否值得推荐。

互动并不仅限于对于观众留言的回复，设置有趣的互动是一件很有技巧的事情。例如，在视频中留下自己的联系方式，让观众根据提示去找，或者跳着魔性的舞蹈，让观众截图，或者在魔术表演中故意留下漏洞，让观众猜等形式。

学会找观众的吐槽点，刺激观众的感官，让他们因为视频内容感到快乐、感动等。也可以设置问题槽点，就是让观众在短视频中发现问题，刺激观众寻找答案，并产生分享的欲望。

02 开始你的表演

才华加身系列

　　总有那么一些人天赋异禀，拥有常人难以拥有的能力，他们隐藏于世间各地，从事各行各业。每个人都有可能是未被发掘的人才，从该系列学起，挖掘出自身潜藏的能力，散发出才华加身的光芒。

　　例如，右图这个穿着礼服的模特，衣服设计的真不错。但是细看会发现这全是用卫生纸做的。销售人员简直就是一个被销售耽误了的服装设计师。

　　千万不要以为只有展示才艺这一种方式，类似套路有很多，可以是善于抖包袱的段子手，表演各种搞笑的段子，或职业吐槽，拍一个办公室日常，若是能写得一手好字，时不时来一个表白书法秀，也能获得无数观众的喜爱。在视频中植入产品，幽默、卖萌、放荡不羁等风格还能加深品牌形象。让观众在关注创意的同时，不知不觉地就关注到产品。

　　总而言之，没有一点才艺，怎敢发在抖音上？卖奶茶要才艺，卖冰淇淋要才艺，卖米粉要才艺，扫大街的也要有才艺……尽管难度不高，但做到让观众喜欢才是成功。善于发现自己与别人身上的亮点，把生活中普通的事情变得更加精彩，向大家展示自身的才华吧。

戏精上身系列

抖音上有很多人喜欢通过模仿、表演的方式来博大家一笑，虽然制作粗糙，但是不少观众还是会喜欢这种接地气的模仿。

例如，"Miss陈de大薇薇"的短视频"你是给熏晕过去了吗？"中，主人把小鱼干放到猫咪的鼻子前，喵咪立刻头一歪栽在了毯子上，做出像是被小鱼干的味道熏得晕倒的样子。整个表演流畅完整，一点也不显得做作，堪称完美。

除了这种"现场发挥"型，抖音上很多表演桥段都来源于生活或是经典影视作品。例如，《一起来看流星雨》《街头霸王》《绝地求生》等，作者从里面选出一段耳熟能详的情节，通过另类演绎，一段令人捧腹大笑的高流量作品就诞生了。因为观众对原情节太熟悉了，当看到另类演绎的那一瞬，立刻就会眼前一亮。

在模仿表演的同时，有两点需要格外重视：

（1）被模仿对象要有大众公认的特点，而不是个人认为的特点；

（2）模仿者适合模仿被模仿对象。什么是适合？适合就是能产生打动人的效果，可能是喜剧效果，也可能是煽情的效果。

玩梗系列

　　日常生活中总是在不断地产生各种梗，例如，"狐思妙想"发布的一条"别眨眼，我要'变身'了，你知道努力活到2262年是个什么梗吗？"的视频。

　　努力活到 2262 年是个什么梗

　　按照农历的算法

　　2262 年是可以过两个春节的

　　会不会放两次假

　　会不会有两届春晚

　　是不是可以收两次压岁钱

　　到时候我都两百多岁了

　　大概也不需要了吧

　　梗的范围非常广，如"身高梗""创意梗""幽默梗"等。行业吐槽、卖萌、自嘲小段子等都是很好的活跃氛围的手段。把网上流行的搞笑段子，用真人表演出来，利用办公室日常工作场景，增加生活气息，都是观众很愿意看的视频。

03 干货别太干

有趣新知系列

这类视频会用有趣的方式分享生活中好玩、有用的小技能。

例如，抖音用户"元芳妹妹"的"学猫叫"就是一个很典型的例子。视频封面就是一张写着"学猫叫喵喵喵喵"的纸，外加一个计算器。视频内容也很简单，就是用计算器"弹"出

一段声音。在计算器上面放着点击哪些键能弹出这段声音的一张纸。还配上了背景音乐，音乐的节奏感很强，让人听了一遍还想再听一遍。用计算器"弹"音乐这个创意会让第一次看到的人感觉很新鲜。手里面有计算器的用户也会跃跃欲试，不管成功还是失败都会产生很强烈的分享欲望。

除了这种好玩的小技能，还有通过新奇的方式分享新知识的，例如，花样教英语，给每个单词编一个故事，或利用生活场景解释单词，顺带讲一些好笑的日常段子，或者科普不同地区不一样的英语口音，指正网上一些不正确的英文念法。这样观众既可以学习新的知识又不会觉得无聊。

总之，可以想一想手边常用的工具或自己擅长的技能，把它们与自己感兴趣的点结合起来，碰撞出新火花，这样创作出的视频既有趣又实用。

亲身分享系列

亲身分享系列的视频可以是对体验结果的分享也可以是对体验过程的分享。这类视频通常是向观众展示出使用感受，让观众就像自己体验过一样。

例如，"找靓机"这个账号通过每天更新数码科技产品视频吸引了565.2万粉丝。其中"华硕 ROG 游戏手机，自带信仰风扇！"的视频获得了 14.7 万的点赞。视频从包装外观、开箱体验、配件展示、手机界面、独特操作、游戏体验几个方面向观众展示了华硕的这款手机，搭配上炫酷的音乐，为很多想买却还在纠结当中的人提供了参考。除此之外，还有 OPPO、华为、苹果等多款手机的测评及使用小技巧。

这类视频除了数码分享外，还可以是电影分享、旅游分享、好物测评、美食测评等。例如，"食不言"的视频"肯德基新品测评"，他亲身到店里面体验新品，近距离向观众展示新品的样子，重点说出美食新品的特点——"满满的一层全是咸蛋黄"，让观众简直像是亲自到店里面品尝了一番似的。尤其是喜爱咸蛋黄的人士，估计已经迫不及待地准备冲到店里面了。总之只要能亲身体验，并向观众展示出体验效果，帮助到观众或者令观众获得体验感的都可以。

花式小妙招系列

　　这类短视频介绍的是生活或者工作中鲜为人知的小妙招。虽然短短的一句话并不能介绍得很详细，但内容简单、实用，符合现在快节奏的生活方式。这类视频不需要做得很复杂，只需要图案加上文字，配上吐字清晰的介绍即可。

　　例如，"正恩健康护肤"的138万喜欢的短视频"99%的女生都不知道的变美常识"。封面上一个漂亮的姑娘加上这样的标题文字，试想哪个爱美的女生不想点进去看一下呢？视频内容也相当简短。例如，"洗完头赶时间用毛巾包着头整个吹干会更快"，把关键的文字标红，在视觉效果上更加抢眼。在这15秒中介绍了5个类似的生活小妙招，并为其标上序号，加强了整体节奏感。

　　类似的视频还可以是"如何敬酒，教你几招敬酒礼仪"这类职场礼仪方面的题材，或是"万能生活小常识，家用得着"生活小常识方面的题材等。总体来看都是一些生活中有可能会遇到的问题，这些题材的制作方法简单，实现成本低，对观众来说也简单实用不费事儿。

　　如果分享的小妙招是原创的，并且好用，想不火都难。毕竟搞笑类的视频在观众熟知其套路之后，很难再吸引到大家的兴趣。但是干货只要有用，标题文案吸引人，就算是刷新碰巧看到的观众都会忍不住点开看一下。

戳心话系列

这类短视频内容通常
都是先抑后扬，先讲述现
实中的问题，然后再用坚
定的话语说出想要实现的
美好生活。一些耳熟能详
的励志的话语被情绪激昂
地说出来，配上积极向上
的背景音乐，再加上一些
文艺感比较强的视频，会
在视觉、听觉上令人精神
一振。在压力比较大的今
天，大家总会有情绪低落
的时候。这种情况下，这
类短视频就像心灵鸡汤一
样振奋人心，让人重新思
考自己的生活。

例如，"小 sunny 的正能量"的一个拥有 79.8 万喜欢的短视频里有段台词：
"我根本就不知道我将来想过什么样的生活，去哪个城市做什么工作。我只是知道
我自己不想要什么。我不想要那种循规蹈矩、安安分分、平平淡淡的日子，不想要
一个一眼看到头的生活。"大家肯定听过类似的励志话语，但是配上视频中的主角
孤独一人从黑夜中逐渐走到明亮的世界里，加上背景音乐《夜空中最亮的星》，很
能带动情绪，让人不由自主地去思考自己的生活现状，去追寻生活的意义。

这类短视频可以是励志鸡汤，也可以是生活情感。总之，生活中总有令人苦恼
的问题。按照套路内容既可以原创也可以上网借鉴，再配上合适的音乐与视频，很
容易引起观众的共鸣。

04 抓住用户的好奇心

探索未知系列

抖音上除了占据相当一部分流量的搞笑类账号，还有一股同样力量不小的账号类型，这类账号提供一些稀奇、新鲜、长知识的内容来满足用户的好奇心。

例如，抖音用户"咦，你长得真俊"发布过一个视频，标题是：了解一下医学生的运动会，

获赞 78 万。这个视频的标题隐晦地指出这个运动会不是一般的运动会。观众会想：医学生的运动会有什么稀奇的么，是不是和平常的运动会不一样呢？标题已经表明视频内容一定是大家不知道的。

当观众点开视频，伴随着激昂的运动会进行曲，看到医学生身着白大褂，三人组合赛跑。这不是稀奇之处，稀奇的是三人组合的形式，竟然是两人抬着担架，第三个同学扮演病人躺在担架上。这样的比赛形式与医学生的身份完美结合，的确是常人没有经历过的运动会。这样另类的运动会，谁不觉得稀奇呢。

这样的视频内容对观众来说是新鲜、有趣的，光是看着视频就觉得好玩。运动会都有这样稀奇的形式，那其他方面大家不知道的事情肯定更多。把不常见的事情分享给大家，一定会获得关注。

高能片头系列

一个很成功的短视频，总要有点过人之处，才能获得观众的喜爱。有一类短视频属于高能片头系列，让人一点开视频就停不下来。

短视频能不能在开头的几秒迅速抓住观众的心，并吸引观众往下看很重要。如果把最精华的片段放在后面，观众可能还没看到那里就已经关掉视频。

"如云宠物专营店"的一期视频就很经典，其开头的 3 秒，是一只可爱的小狗用东北方言说着："老师我请假！"，观众一看，好像有点意思，一下就能抓住观众的注意力，让人产生想看下去的欲望，好奇接下来会发生什么。这种搞笑元素与萌宠元素的组合是一种经典模式，反差萌和搞笑段子，足以让观众开怀大笑。

一个抢眼的开头，就是要在视频的前几秒抓住观众的注意力。这需要不断地创新引起观众的兴趣，吸引观众关注。在做视频时不妨给自己的作品加上一个精彩、有趣的开头。

各种提问系列

每个人都会对未知的事情产生好奇心，在制作视频时巧妙地利用观众的好奇心是一种好的方法。让观众带着疑问看视频，可以提升观看的乐趣。

例如，视频标题采用提问的形式，让观众在视频中找答案。"POMAH"有一个视频的标题取名为"这给我哥吓成啥样了，都要急眼了，查查说了几个不行"，观众在看到标题时自然会产生疑问，什么事让人说了几个不行，还要急眼？

点开视频，一位大哥坐在气垫上，连声说着不行的同时就被同伴推了下去，被迫体验了一次极速下落项目。视频开始之前，观众被吊起来的好奇心得到满足，原来是这么回事儿，这位大哥说了好几个不行还是逃脱不了被推下去的命运。看着大哥大叫着下落的同时，不禁让观众发出欢乐的笑声。这个视频成功吸引到观众，提问式标题功不可没。

提出问题等于吊观众胃口，能引发好奇心是关键。这样的模式可以在标题上体现，也可以在视频内容中体现。在视频开头设下疑问，观众只要想知道答案，就一定会观看视频。想要获得观众的点赞，前提就是要让观众有兴趣把视频看完，用提问的方式吸引观众，也是小技巧。

05 燃烧你的大脑

还能这样玩系列

还能这样玩系列短视频主要靠的就是生活中的创意。当然，除了玩出创意，还要玩出乐趣。

例如抖音上账号名为"宋。。"的用户发布了一条"智娶2018.9.16"的短视频。视频中伴娘用胶条封住了门，想要通过这道门娶到新娘还需要费点力气。但是

伴郎团机智地想到了一个办法，不费吹灰之力就能通过这道"防线"——将红包贴在胶条上，引得伴娘自己撕了胶条。既有新意又充满乐趣。在国庆节期间无数的婚礼短视频中，这条短视频获得了 84.6 万的点赞量。

类似的套路还有很多，例如，同样是婚礼上新郎迎娶新娘的环节，抖音用户"超人"的"把小区小孩的车都征用了"的短视频里面，迎娶新娘用的不是通常婚礼上用到的轿车，而是小孩的儿童车。新郎和伴郎们西装革履，戴着墨镜，站出来绝对是一道亮丽的风景线。然而，他们却骑在儿童车上前进，高大魁梧的身材与小巧的儿童车形成了鲜明的对比，让人不禁一乐。

这类视频更多体现的是乐趣，打破常规，玩出创意。

没见过系列

短视频内容做到和别人都不一样时，能很轻松地被观众记住。

例如，抖音用户"小七喜的妈妈"哄孩子睡觉的短视频。妈妈为了哄宝宝睡觉，将玩偶穿上自己的睡衣，抱着宝宝睡觉，让宝宝误以为妈妈依旧陪在自己身边后陷入沉沉的梦乡。妈妈为了让宝宝安稳入睡，可算是"用心良苦"了。这样的短视频配上合适的背景音乐，能产生很好的效果。

再例如，为自己女儿扎头发的视频用的是相似的套路。因为女儿总是问自己星期几，妈妈便按照日期为女儿扎不同的头发。星期一便扎一个丸子头，星期二扎两个，星期三扎三个……以此类推。

  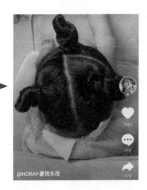

孩子需要妈妈陪伴着才能睡觉和一直问妈妈星期几的场景都是很普通的日常生活场景，能把日常生活小事做出创意并不容易。在遇到一些生活琐事或者难题时，尝试去找一个有创意的解决办法，也许在解决问题之外，会有意想不到的收获。

一语惊人系列

账号"小沈龙脱口秀"的"龙啊，你咋这么可爱涅"的短视频便属于"一语惊人"类的短视频。

我小时候

第一次进电影院

看电影

看的是什么

宝莲灯

那时候得买电影票嘛

我到阿姨那

阿姨买张票

不一会儿回来

阿姨我买张票

阿姨我还买张票

阿姨懵了

你不有票吗

你怎么老买勒

阿姨

我刚一进去

就有个叔叔

把我票撕了

到那时候

我才知道

原来看电影

需要检票的

一句"我刚一进去就有个叔叔把我票撕了"展示出了一个第一次看电影的小孩子的童真和可爱，让人看了忍不住哈哈大笑。这便是一语惊人的作用。

  这一系列的短视频靠的是文案上的功夫。幽默的文案背后是人们对生活的乐观态度。

  挖掘生活中的趣事，然后发挥你的创意和才能，将这些趣事加工成精彩的内容与大家分享，做一个乐天派的抖音达人。

萌宠来帮忙

萌宠独秀系列

这种视频的内容以宠物为主，凸显宠物的特点让人对它产生更深的印象。这需要设计吸引人的剧本帮助萌宠发挥，在表演过程中可以运用充满创意的物品辅助萌宠。

例如，"人生若只如初见"有一条获得226.5万点赞的视频。主人

在搬家的时候，找出了一双八年前结婚穿过的高跟鞋。主人发挥奇思妙想，将高跟鞋穿在狗的后脚上，纤细的小腿在红色高跟鞋的映衬下显得可爱极了。在第一次尝试后狗显得有些不适应，将后脚高高抬起落下，抬起落下，走出了天不怕地不怕的架势。视频配音是一段快要笑到断气的笑声，与狗穿高跟鞋走路这一诙谐的画面完美融合。

人能模仿动物，那么动物怎么不能模仿人呢？配上辅助的道具，宠物也能变成鬼马小精灵。还可以尝试让宠物穿上带着手脚的小衣服，从正面看，它似乎也像人一样。总之，将创意发挥出来，多和宠物互动，用视频记录下宠物的每一个可爱的瞬间。

萌宠与人搭戏系列

　　这类视频一般会根据宠物的动作和口型进行配音。很多观众看到可爱的小动物就已经被吸引了，再加上人小鬼大、让人不知所云的话语，在让人忍俊不禁的同时很有看下去的冲动，然而，结局总是让人很意外。

　　例如"会说话的刘二豆"有一条获得 435.3 万个点赞的视频。

　　（妈妈在背单词……）

　　二豆：妈

　　二豆妈：嗯？

　　二豆：你有过人的体温吗？

　　二豆妈：你说呢？

　　二豆：有过心跳吗？

　　二豆妈：废话

　　二豆：闻过花香吗？

　　二豆妈：你说呢！

　　二豆：看得出天空的颜色吗？

　　二豆妈：（我忍……）

　　二豆：你流过眼泪吗？

　　二豆妈：（火冒三丈）

　　二豆：有吗！！

　　二豆妈：（心碎，痛苦）

　　二豆：咋地了妈

　　二豆妈：滚一边去，都没人爱我！

　　除了这种思考人生的同时让别人无辜躺枪的哲学型萌宠外，还有自恋型、霸气型、戏精型、卖萌型、捣蛋型……

　　总之，把与小动物的点滴录下来，搭上符合情景的配音，演绎成有趣的小故事，说不定你家宠物会比你还受欢迎。

多个萌宠一台戏系列

担心一个萌宠无法做出足够的效果吗？那为什么不尝试一下多个萌宠一台戏呢？

例如，抖音用户"Nzq"有一条获得 261.6 万点赞的视频。

第一回合

体型相对较大的白狗被关在笼子里，体型较小的狗在笼子外面，两只狗"隔笼相望"，发出"汪汪"的叫声。白狗仿佛在说："有本事你进来呀！"较小的狗仿佛在说："有本事你出来呀！"看这架势，两只狗谁也不服输，笼外的小狗甚至俯下前身，准备来个"饿狗扑食"，丝毫没有因为体型的悬殊而惧怕对方。

第二回合

画风一转，此时，笼外的小狗被安置进了大狗所在的笼子里。只见大狗嚣张地贴近了小狗的耳朵，仍然发出"汪汪"地狂叫，仿佛在说："刚刚不是挺能的么，叫啊！叫啊！现在怎么不叫了。"小狗此时却显得"势单力薄"，水汪汪的大眼睛滴溜溜地转，紧紧闭着嘴，甚至不敢四处张望，内心仿佛在说："我是谁，我在哪，我怎么进来了？"可怜得简直让人想把它抱出来。两个场面的对比，小狗的两个反应不免让人开怀大笑。

总之，要发挥多个萌宠各自的特性，不妨融入创意使之成为一个有趣的小故事。如果担心一个宠物无法达到想要的效果，那就帮它找几个小伙伴。

07 墙都不扶只服你

独门技能系列

利用自己的优势，把司空见惯的东西用别人想不到的方式表现出来便是个人的独门技能，因为这个过程体现的是你的创造力与表现能力。这种视频往往会让观众耳目一新，也很容易被观众关注与模仿。

例如，抖音上流行的"读书就要这样～"的视频。用唱歌的方式去唱古诗，一方面展现了自己的唱功，另一方面，观众会因为这种并不是很常见的读诗方式感到新奇，引起大家的模仿与再创作，带来流量。除了用唱歌的方式唱古诗外，还有对耳熟能详的歌曲进行改编，给经典的纯音乐填词、翻唱等形式。例如把女版的《女儿情》翻唱成男版。

这类视频还可以是做签名设计。例如："一娜《手写设计》"发布过一个标题是"李娜，你留名点赞，我来写"的视频。视频内容很简单，就是写下自己设计的签名。但是签名字体独具风格，令人赏心悦目，让人不禁也想要拥有一个自己的特色签名。而且作者标题上写，只要留名就有可能被选中，引得观众争相留名。

这类视频通常难度不高，但要想获得观众的关注还是需要花点心思。

术业有专攻系列

　　术业有专攻指的不仅仅是在高端领域有着卓越成就的人。所谓高手在民间，很多人能把生活中很小的事情做出专业水准。

　　例如，抖音用户"璟璟"发布的一条她爸爸利用身边工具剥玉米的视频。能看到视频中，他爸爸右手拿着一个电钻，左手拿着一节竹筒。观众不禁想，这样剥玉米能剥得下来么？他是怎么想到将这两个完全不相干的东西凑到一起的？在视频结束的时候能够看到，玉米粒被完美的剥下来了。用手剥玉米是一件十分枯燥还手疼的事情，"璟璟"的爸爸，却能想到利用钻头和竹筒来轻松快速剥玉米的方法，不禁让人称赞一声"厉害"。

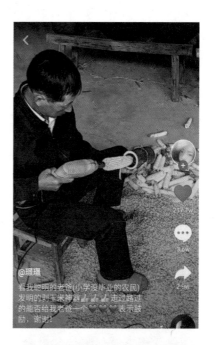

　　除了生活中的小事，还可以将自己擅长的事情做到专业。例如，抖音用户"董凯旋"便是将自己擅长滑板这样一个普通的事情做到专业水准。视频中他以各种方式来玩滑板，旋转、跳跃，在各种场地都有他的身影。只是简单滑行的话玩滑板容易，但是能把滑板玩出这么多花样，玩出精彩并不是一朝一夕的事情。把自己喜欢的事情做到极致，这需要热爱与坚持。

　　按照这样的套路，观察周围有没有哪些在自己擅长的领域中做出创意的人才。想一想自己有什么特别的技能，并思考怎样才能把自己擅长的东西做得更加专业。

试一试：学会抖音技术男的表白程序，你也可以耍酷

抖音上最近有很多小伙伴在发弹窗的表白程序，这样的程序确实能在表白中增加惊喜和趣味，所以许多人都很好奇这是如何制作的。其实，通过一段很简单的代码即可实现。

道具准备：电脑、文本文档、一个表白对象

大片进行时：

❶ 在电脑上新建一个 txt 文件。

❷ 打开 txt 文件，复制以下代码粘贴到文档中，然后保存并关闭 txt 文件。

```
Set Seven = WScript.CreateObject("WScript.Shell")
strDesktop = Seven.SpecialFolders("AllUsersDesktop")
set oShellLink = Seven.CreateShortcut(strDesktop &
"Seven.url")
oShellLink.TargetPath = "http://ptpress.com.cn/"
oShellLink.Save
Sub ak47
Set oShellLink=Nothing
seven.Run "notepad",3
WScript.Sleep 500
seven.SendKeys " I "
WScript.Sleep 500
seven.SendKeys "L"
WScript.Sleep 500
seven.SendKeys "o"
WScript.Sleep 500
seven.SendKeys "v"
WScript.Sleep 500
seven.SendKeys "e "
WScript.Sleep 500
seven.SendKeys "Y"
WScript.Sleep 500
```

提示 代码中的中文部分可以修改，可以改成自己的表白内容，但是其他部分不可随意更改，否则程序无法正常运行。

```
seven.SendKeys "o"
WScript.Sleep 500
seven.SendKeys "u"
End Sub
se_key = (MsgBox("做我女朋友好不好?",4,"Seven_ 下午 "&Time))
If se_key=6 Then
Call ak47
Else
seven.Run "shutdown.exe -s -t 600"
agn=(MsgBox ("再考虑一下好吗?",52,"提示"))
If agn=6 Then
seven.Run "shutdown.exe -a"
MsgBox "愚人节快乐! ",,"恭喜"
WScript.Sleep 500
Call ak47
Else
MsgBox "我会一直默默等着你",48,"再  见"
End If
End If
```

❸ 将 txt 文件名称后面的 ".txt" 改为 ".vbs"。

提示　若新建的 txt 文件不显示 ".txt"，一种方法是，随便打开一个文件夹，点击【查看】，选择【文件扩展名】即可；另一种方法是，打开 txt 文件，选择 "另存为"，在弹出的对话框的文件名设置处选择 "默认文件名"，将 txt 文件名称后面的 ".txt" 改为 ".vbs" 即可。

❹ 双击改名后的 vbs 文件或另存后的 vbs 文件，即运行该代码，就能看到和抖音视频上一样的效果。

❺ 程序运行后在弹出的第一个对话框中，如果对方选择"是"，表示表白成功，会自动弹出旁边的对话框，自动逐字打出"I LOVE YOU TOO"。如果对方选择"否"，表示表白失败，会同时自动弹出下面的两个对话框，一个是提示该程序会让电脑在 10 钟之后被关闭，另一个是提示"再考虑一下好吗？"，这时如果对方不是那么讨厌你，并且不想被迫关电脑也许就会选择同意，关闭电脑的对话框就会自动取消，并弹出"愚人节快乐！"，如果对方选择否，电脑就会在 10 分钟之后被关闭。

提示 这段代码中，除了中文用全角，其他全部要用半角格式输入。

你不敢我敢系列

　　此系列视频表现的是在普通生活情境下做不一样的事儿，以引起观众的关注。

　　例如，"最帅体育老师"偷换上课铃声的短视频，配上"别告诉校长上课铃声是我改的！"的引导语。打开一看，视频中响起抖音中常常听到的节奏感超强的背景音乐，还带着回响。再看视频中孩子们也是听到上课铃声快速地往教室里跑。看着似乎真的有这么一回事，但是仔细一想，现实生活中，谁胆子能这么大，敢这么干呀！除非这个人不想在学校工作了。而且孩子们听到与平时上课铃声不一样的音乐肯定也会好奇的。再一点开背景音乐，原来是有一个大喇叭效果的音乐，再配上普通的生活情境，真的是让人大开眼界。虽然视频内容并不是真的把上课铃声改了，但是这么大胆的引导语和足以以假乱真的短视频，很好地吸引了众多观众前来围观。

　　除此之外，抖音用户"饼干饼干饼"的"这样的男朋友撑不过一天了……"短视频用的也是同样的套路。在女朋友进行高空挑战时，原本女生有一点恐高，站在起点迟迟不动。但是男朋友站在终点，拿出了女生心爱的口红，放在大拇指下，威胁她再不过来就要把口红掰断，这下女朋友就不干了，忘记恐惧，马上跑了过来。

　　这一系列的短视频因为加上了合适的引导语，才能在观众没有看到视频内容的情况下就被视频吸引。当然，善于对生活中一些常见的生活情境进行大胆的设想和创意也很重要。

08 抖音式反差

剧情反转太快系列

抖音上，经常会看到有一类短视频，开头很普通，但在临近结尾时突然来一个反转，让人意想不到。这类短视频的音乐搭配一般也相当巧妙，前半部分用于铺垫气氛，随后通过强烈的对比来吸引观众的注意。这种模式称为"剧情反转"。

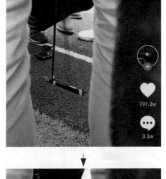

例如，这位用夹子夹手机的仁兄，小心翼翼地用夹子从下水沟中取出手机，却在快要成功的一瞬，一激动，手机又掉下去了。

视频开始，观众就被带入了情景中，仿佛也参与了这场"营救手机行动"，屏住呼吸、小心翼翼，然而就在最后一刻，由于太激动手机又掉了下去。观众内心同样是崩溃的，但是依然要点个赞，毕竟不是自己的手机……

总结一下，这个套路与脱口秀类似，都是"铺垫＋意外"的模式，由铺垫制造一种预期，预期来源于"核心假设"，笑点就是通过对核心假设的再解读。

有时，可以尝试更加注重表演艺术，而不是语言艺术。在该系列短视频中，可以没有配乐，全凭演技。语言在这种情况下并不重要，关键就在于能否想到大反转的点子，制造出反转剧情。

生活中从不缺少小意外，不管是身边人的搞笑举动还是萌宠带来的小惊喜，将其拍成有趣的反转小视频，配上合适的音乐，一定会给人带来惊喜和趣味。

不按套路系列

最能打动人的往往都是出其不意的瞬间。

什么？你以为我会这么做？我偏不！

例如，右图这个视频中，传送带上别的快递都是顺着传送带缓缓向上移动，唯有这个方形的快递盒子，不为外界所动，一直在原地旋转，这是个有自己想法的快递。

再例如，右下图这个视频"我以为是头盔呢，哈哈"，从视频中后面的视角来看，前面的姑娘好像戴了一个非常大的头盔。然而随着视角转到侧面的时候才发现，原来这是一把特别像头盔的雨伞。曾经流行的"小哥哥小哥哥给你个东西"系列等，也是不按套路出牌的例子。

针对这种套路的视频，我们应该如何学习呢？简单总结有以下两种方式。

（1）剧情延续

针对已经有一定热度的视频，完全可以进行再加工，形成自己的原创作品，其中一个重要形式就是"神转折"，能够做到与众不同就已经成功了一半。

（2）改剧情

改剧情是指把一个剧情表演的某段剧情改掉。这种视频针对的是已经很火的视频题材，而上面的神转折技法大多是针对原创题材。

现在抖音上很多爆红的视频都是在很火的视频的基础上改剧情创作的。简简单单的修改就能做到青出于蓝而胜于蓝。但是，建议大家不要一味地模仿，可以充分发挥个人才智去改动剧情，做出自己的创意。这不是一个固定套路，而是可以广泛运用的方法。

物极必反系列

物极必反系列，简单说就是反转类的短视频，剧情大反转的那一刻给观众带来极大的视觉冲击。

例如，画龙头这个套路。

哥哥：哇，弟弟在画什么呢？

弟弟：画龙呀！

哥哥：画得真好，还差一个龙头没有画好对不对？

弟弟：嗯。

哥哥：哥哥画得很好的，哥哥给你画好不好。

弟弟：嗯！

然后，哥哥以神速把弟弟的简笔画变得如同美术生的艺术作品，给观众带来极大的震撼。

反转与不按套路出牌相结合，可以产生绝妙的效果。一个优秀短视频的拍摄总是要运用多种手段与技巧，灵活的运用将使你的视频更加出彩。

15秒的视频要做到吸引观众，必然要有吸引观众的"点"，而反转法是一个很好产生点子的技巧。

简单来看"反转法"就是：

（1）找到一个剧本；

（2）用最反差的方法来表演。

09 跨界混搭

加剧情系列

如果拍摄的视频平淡无趣，不妨发挥你的想象力和创意，为其加上有意思的剧情。简单的内容，配上好玩的剧情，离出彩就更近一步了。例如，"俊鹏"有一条153万个点赞的视频，视频里是一只小狗装作受伤爬行，"俊鹏"以画外音形式配音。

视频背景：一只小狗装作后肢受伤，用前肢拖着全身爬行。

俊鹏：哎呀！（抑扬顿挫）

小狗拖着身体又爬了三秒，爬行速度还挺快。

俊鹏：哎呀！呀呀呀呀呀呀呀！呀呀呀呀！（一声比一声响）这是什么造型呀！？

小狗站起来后，马上又趴了下去。

俊鹏：挺别致啊！

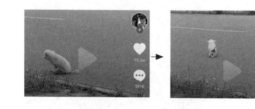 

"俊鹏"用这种画外音配音的形式，为简单的视频内容增加了有趣的互动剧情，"哎呀！这只小狗怎么装受伤，装得还挺像。怎么还爬这么快呢！真是厉害！怎么还装呢，这造型厉害了！还装啊！不愧是戏精，造型挺别致啊！"调侃的言语加上原有的画面，很容易让观众们捧腹大笑。

除了这种画外音加剧情模式外，还可以通过添加背景乐、音效等，充实剧情，扩大看点，让视频马上变得不一般。

总之，给视频内容加剧情，能让视频摇身一变，使原本普通的内容变得非常有意思。

同样的技能不一样的玩法系列

　　这类视频是把同样的技能，同样的内容，用不一样的展示方式呈现出来。熟悉的内容加上反传统的表现形式，以不同的套路让观众感到新鲜，觉得好玩，进而继续观看作者的视频。例如，"厨男冬阳君"的一个"海陆空奢华版泡面，金城武做泡面都没这么皮！"的视频，同样是教人做泡面，可他这种有趣的表述方式让人耳目一新。

"伯伯的海参"

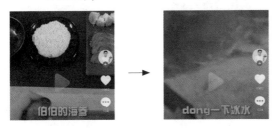

"dong 一下冰水"

"加入三个二百五（二百五十）毫升的水"

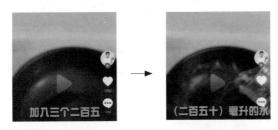

"水开之后调料与水融为一体"

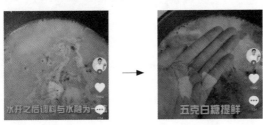

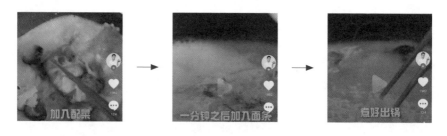

"海陆空泡面，学没学会？"

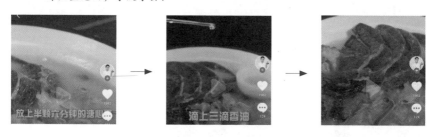

干脆利落地结束战斗，一盘色香味俱全的菜就做好了。这类视频缺少细节，许多观众并不知道是怎么做出来的，还在云里雾里就已经结束了。正是这种反套路，反而更加受到观众的喜爱。观众看视频的目的可能不是为了学做菜，而是通过看这种麻利、痛快的美食制作视频来释放压力。

同样是做饭视频，加上犀利的语言，感觉就变了。斩钉截铁的语气，借助快进的过程，让观众在 15 秒中看完一道菜的教程。传统的做菜教程大多是详细介绍如何做菜，可"厨男冬阳君"这种"犀利"的形式却很少见，所以能吸引观众的注意。

总结一下，常规的内容搭配上反常规的形式，这种不一样的玩法很受观众欢迎，可以多多思考，生活中还有哪些事物可以有不一样的表现形式。

总结！找到适合你的内容定位

选中比较符合个人性格或者自己擅长的方面，依照下面的表格进行比对，重合度越高越合适。

（1）以乐观的心态对待生活中的琐事。

（2）胆大、心细、真敢做。

（3）有特别喜欢的兴趣爱好，并且深入了解。

（4）能把普通的事情玩出花样。

（5）善于总结，说话幽默风趣。

（6）善于设置悬念。

（7）不按套路出牌。

（8）善于以自嘲的方式对待生活中不如意的地方。

（9）拥有宠物。

（10）理想主义，有艺术气质。

（11）喜欢新事物，充满了活力与干劲。

（12）擅长某一方面的内容，如烹饪。

（13）段子手。

（14）拥有自己的调性或者标签。

（15）戏精的灵魂。

（16）感性、愿意思考人生与工作的意义。

（17）才华与创意兼备，善于在自己擅长的领域做出不同。

（18）知道生活中鲜为人知的小妙招、小常识。

（19）好奇心比较强，善于发现大众所不知道的事情。

（20）反差萌，能把两个完全不搭的风格结合在一起，创造出新的看点。

（21）专业性比较强，能把自己擅长的事情进行再创新。

（22）有趣的灵魂，能把生活中普通的场景脑补成一出大戏。

（23）善于利用大家所熟知的套路在新的场景下进行大胆设想。

（24）习惯记录生活中每个美好的瞬间。

（25）善于对已有的套路进行再创作。

（26）脑洞比较大。

（27）持之以恒地学习。

（28）能用比较有创意的方式解决生活中的问题。

（29）具有很强的逻辑分析能力。

（30）善于表演，人群的焦点，天生的演员。

（31）善于发掘流行影视剧中的笑点。

（32）善于利用合适的背景音乐抓住观众的注意力。

（33）把自己擅长的技能玩出花样。

（34）感性，愿意思考人生与工作的意义。

参考答案如下所示。

你的选项	所属的达人类型	学习借鉴的方向
(6)(11)(19)	冒险型	抓住用户的好奇心
(7)(25)(32)		抖音式反差
(13)(17)(30)(31)	戏精型	开始你的表演
(9)(15)(22)(24)		萌宠来帮忙
(18)(28)	奇思妙想型	燃烧你的大脑
(2)(21)(23)		墙都不服只服你
(3)(12)(14)(27)(29)	多才多艺型	营造自己的IP
(4)(5)(10)(16)(18)(34)		干货别太干
(20)(26)(33)		跨界混搭

Step 3

**实现——
手把手教你做出
吸睛好作品**

01 摄像小技巧

拍摄须知

实拍

如果视频内容是唱歌跳舞这类个人才艺，往往真人出境的效果会比较好，更容易吸引观众。

一人拍摄

最简单的办法就是切换到前置摄像头，但用手举着很容易累，这时需要道具，最常见的就是三脚架和自拍杆，相信大家都会用，一定要注意把手机牢牢固定，视频拍摄才会更稳当。

不用手按着录制

在用三脚架固定好手机后，打开录制界面，在录制界面右边有个"倒计时 3 秒"按钮，点击此按钮，3 秒后手机就会自动开始录制，模特在 3 秒内迅速就位即可。

延时摄影

道具准备

手机、三脚架、任意一个视频剪辑软件。

（1）选择好拍摄地点，最好是晚上，光线会很漂亮。

（2）固定三脚架，准备长时间录制。

（3）后期加速。

忽远忽近的镜头感

这个拍摄起来虽然简单，但是最后的效果一点也不逊色于大片特效。根据视频想要的效果从不同角度或者方向移动手机，可以是平行方向的拉近再拉远，也可以是从俯视的角度由高到低拉近，另外从反方向以仰视的角度由近及远也能做出很酷的效果。甚至，可以斜着拉镜头，又会得到不一样的效果，就看喜欢什么样的效果了。

转换角度

拍摄视频时，如果一直是用同一个角度，观众会失去新鲜感，如果转换不同角度拍摄，便可以营造多重视角的效果，让视频不单调。提供多个视角，以确保观众的新鲜度，运用得当会让视频变得更炫酷。

运镜技术

初学者需要记住一点，那就是拍摄过程中手机不能抖。手持手机拍摄时手不能抖，时时对焦，拍摄出的视频才会清晰，这是拍出好视频最基本的要点。那么，怎么能让手机不抖呢？除了锻炼自己的臂力，还可以借用道具的帮助。例如，

买一个三脚架，自拍的时候把手机固定好，能很大程度上避免抖动。还有一种简便的装置就是气囊支架，只需要将气囊支架黏在手机后面，就能较好地拿稳手机，有效减少拍摄时的晃动，提高视频的质量。

拍摄构图

留白

　　拍摄时，如果取景画面是拥挤、杂乱的，就会影响观众的观看体验。所以在拍摄时，应该突出拍摄的主题，画面尽量简洁干净，注意留白。如果想要拍摄清爽的照片风格，切忌拥挤，留白后的画面会更好看。

局部拍摄

　　如果在一个比较狭小的空间，因为场面受限而无法大面积留白的时候，或背景不理想，但就是想拍摄怎么办呢？可以活用局部拍摄，加上合适的背景乐，也许会有不一般的效果。也可以充分运用局部拍摄，将它与全景拍摄结合，会让观众有不同的视觉享受。

居中构图

这个比较容易驾驭，将需要突出的内容呈现在正中间，使画面看起来十分明了，能很好地突出重点。

对角线构图

对角线构图的画面有延伸感、动感和空间感，看起来会很完满。

三角构图

三角布局，能平衡画面信息，使画面看起来简明不累。

如果掌握了上面的构图，尝试将各种构图技巧混合使用，组合好了就是艺术大片。但是，这很考验拍摄者的镜头感。

拍照软件大盘点

POLY

POLY 适用于 iOS 和安卓系统，在手机自带的应用商店里就能下载。

（1）这是一个复古风的滤镜处理软件，里面有特别多的复古滤镜，高级时尚。例如这个"W1"滤镜，效果很柔和。

（2）自带拍立得边框，可以拍出胶片质感的相片。

美颜相机

美颜相机适用于 iOS 和安卓系统，在手机自带的应用商店里就能下载。

美颜相机是一款很成熟的拍照软件，软件的功能十分强大，这里简单介绍一些在拍照时会经常用到的功能。

（1）打开拍照界面，可以选择一键美颜和美妆，不仅可以调整面部、身体比例，还可以添加妆容，并且有不同风格的妆容可以任意选择。

（2）可以自定义妆容。从口红到眼影，甚至睫毛都可以自己设置，若是设置出喜欢的效果，还可以保存此设置供下次使用。

（3）拍摄的同时可以加滤镜，风格从明丽到复古应有尽有，除了自带的很多滤镜，还可以自己下载其他滤镜。

（4）美颜相机中的萌拍功能十分惹人喜爱，里面有许多种类的贴纸，例如表情、配饰、服装、节气、边框……该相机还支持双人模式和多人模式。

（5）美颜相机中的质感大片功能，可以提供意想不到的效果，与滤镜相比其效果更精致。拍出来的相片很有高级感，有胶片、人像、光影、电影、古风、清新、港风这几大类效果，其中光影效果特别出彩。

（6）美颜相机可以设置"祛斑祛痘""祛痣""画质设置""自动添加水印""快速拍照模式""前置摄像头自动镜像"等。

上面提到的内容，都可以在拍摄视频时用上。

GIRLSCAM

GIRLSCAM 适用于 iOS 和安卓系统，在手机自带的应用商店里就能下载。

GIRLSCAM 里面不仅有好看的滤镜，还有特别好用的模板。在原有的图片上加上一个模板，图片瞬间就变成高级大片。

（1）GIRLSCAM 里的滤镜风格充满少女感，活泼清丽。

（2）可以设置照片的比例。

（3）有简单的美颜功能。

RAINBOW

RAINBOW 适用于 iOS 和安卓系统，在手机自带的应用商店里就能下载。

RAINBOW 里面同样有许多好看的滤镜，并且在光影效果方面更有优势。软件里的贴纸也能为图片增添光彩，制作更好看的色彩效果。

（1）RAINBOW 里的滤镜主要是调色温和色调，可以根据需求选择冷色调或暖色调。

（2）其光影效果出众，添加光影特效后，照片的格调马上就会变得不同。

彩虹光影　　　　清新滤镜

具体操作

自动卡节拍

如果觉得长按拍摄键拍摄很累，可以选择单击拍摄。

选择单击拍摄后，拍摄页面有倒计时功能，可以设置自动暂停的时间点，自动卡节拍，拍出想要的效果，不过时间一定要计算准确。

一秒变装秀

抖音里一些用户玩出了一种能随着很快的音乐节奏，一秒变换一套装束的变装秀。如此神奇的变装秀是如何做到的呢？拍摄这种小视频有什么技巧吗？这种酷炫的一秒变装秀实际上并不难做到。拍摄教程和技巧如下。

- 道具准备

   手机、多套衣服、抖音 App、三脚架。

- 大片进行时

（1）视频拍摄前，先穿好第一套衣服，并提前把需要换的衣服准备好，放在拍摄过程中自己随手就能拿到的地方。然后，用三脚架固定好手机，打开抖音 App，调整好拍摄画面，选择好音乐。

（2）将抖音的拍摄模式调为"快"，并选择"倒计时"功能，开始拍摄。

（3）按下拍摄键后，换装模特迅速就位，开始拍摄第一个画面。第一个画面中，模特可通过动作、表情等开场。在第一套衣服展示完后准备换第二套衣服时，做一个抓衣服的动作。

（4）做完抓衣服的动作后，选择暂停，换上第二套衣服，将换下的第一套衣服用手贴放在身上，手放在上一个镜头结束时手抓衣服的位置。准备好后点击继续，用手抓走第一件衣服，然后再用手抓身上的第二套衣服。第二个镜头就拍摄完成，选择暂停。

如果上一件衣服是浅色的，那么下一件衣服最好换一件深色的，这样色差较大，换装的效果更明显。用手抓衣服的时候，前后两个镜头要注意保持角度、动作、表情一致，不要有太明显的变动。

（5）重复以上的换装拍摄步骤。

（6）在换最后一套衣服时，结尾处用双手挡住镜头，然后暂停拍摄。

（7）最后，把拍摄模式切换为"慢"，换一个滤镜，继续拍摄。先用手挡住镜头，然后放开手，做上一步结束时的动作。完成动作后结束拍摄并保存视频。

这样，神奇的一秒变装秀就拍摄完成了。以此类推，我们可以用类似的方法拍摄化妆前后、变身到不同场景等神奇的效果。方法很简单，学会了本教程就可以在实践中发挥自己的创意，做出神奇的变换视频。

昏暗场景

昏暗场景中的一束光，能制造出光怪陆离的效果。一束人为的光，可以与任何透光的道具组合，透过的光线有时斑驳，有时色彩纷呈，营造出让人惊艳的效果。

　　大家可以加上自己的创意，任意组合，让视频中的每一个画面都呈现出最精彩的自己。

手势拍照法

● 道具准备

　　手机、wecut 软件。

● 大片进行时

　　（1）打开相机，拍摄好手势。

　　（2）打开 wecut，选择要编辑的图片。

　　（3）选择添加贴纸，可以选择爱心、星星、红唇等比较可爱的贴纸，将选好的贴纸放到想放的位置即可。

　　还可以在 wecut 里搜索"情侣手"，直接套用模板。

拍照摆姿技巧盘点

常用摆姿技巧

（1）站姿

如果想显腿长，就不能双脚并排站，要把一只脚伸出去，既显腿长，又不会呆板。

（2）坐姿

如果表情容易僵硬，可以稍微偏着头，不要直视镜头。坐着的时候，可以选好角度，尽量放松地伸腿，这样不仅显腿长，还可以显得很潇洒。

（3）与大自然互动

如果是阳光明媚的日子，不妨微微闭上双眼，展露出明艳的笑容，再加上活泼的肢体动作，会显得十分可爱。

（4）吃货式姿势

小馋嘴们可要好好利用身边的美食道具，可以酷酷地吃，也可以可爱地吃，或者只是把食物拿在手上做道具，不同的风格可以多多尝试，这样才能找到真正适合你的风格。

（5）设计"抓拍"

拍出的照片可以体现出一种自然美，但是抓拍是不经意间拍下的，可遇不可求。除了自然状态下的抓拍，还可以特意设计一些看上去像是自然状态下抓拍的场景。例如，假装低下头在包包里找东西，假装在地上捡东西，假装系鞋带等。但要注意，模特的演技一定要好，不然会显得很尴尬。放松身体，自然地演绎，才会使拍出来的照片效果显得真实自然。

外出游玩的拍照摆姿技巧

除了日常生活照和街拍，旅游胜地也是很多优质照片的拍摄地点，下面就教一些在游玩时的拍照摆姿要点。

最重要的几点：挺胸收腹，不能驼背，保持良好的身体仪态，充满自信，不要拘谨。

第 1 个姿势，眼睛不要直视镜头，那样会显得刻意。以侧脸入境，能避免僵硬。例如，侧着脸去看旁边的风景，享受并陶醉在美景之中。

第 2 个姿势，侧脸的同时可以抬手轻轻地撩动发丝，会很显气质。

第 3 个姿势，与身边的物品互动，给照片增添灵动感。可以靠在岩石上，也可以坐在沙滩上，舒展表情，融入美景。

第 4 个姿势，动起来，做一些比较活泼的动作。注意肩部要打开，姿态才会好看。

第 5 个姿势，演绎尽享美景的状态，可以微微抬头、闭眼，表现出惬意的样子。越自然的状态，拍摄出的效果就越好。

02 良心道具怎能少

滤色纸拍照法

光影是拍摄出酷炫大片的重要因素，它的重要性不次于构图、角度这些硬技术。在抖音上，一些玩家掌握了巧妙的光影制作技巧，在家就能轻松拍摄出大片的效果。下面就介绍一种非常简单的，可以在家自制光影特效的方法。

道具准备

尺子、铅笔、美工刀、滤色纸、卡纸。

大片进行时

（1）在卡纸上画长方形。

（2）用美工刀将长方形裁下。

（3）将滤色纸平铺到裁剪好的镂空卡纸上。

（4）找一个较暗的拍摄空间，从滤色纸的后方打光投射到拍摄对象上。调整打光的角度和滤色纸的角度，直到获得想要的效果。

怎么样，是不是很简单？

这种风格一般是采用较暗的有色环境光，再配合滤纸透出的条形光斑会比较容易出效果。例如，可以采用紫色环境光、红色环境光等。

玻璃杯拍照法

最近水波纹效果很热门，这种效果是如何拍出来的呢？其实真的很简单，在家里用瓶子、水杯就能轻松拍出水波纹大片。

道具准备

透明玻璃杯（杯底或杯面的棱面较多）、手电筒、三脚架、一面纯色的背景墙。

大片进行时

（1）将房间的灯全部关上。

（2）打开手电筒，从玻璃杯里往外打光，让手电筒的灯光穿过有棱面的玻璃杯，在杯底产生折射后投射到白墙上。可以根据折射出来的光影效果，适当调整手电筒、玻璃杯底、背景墙三者之间的距离，以调整出最佳效果。

（3）架好三脚架，调整好相机画面构图，然后就可以尽情地摆造型拍照了。

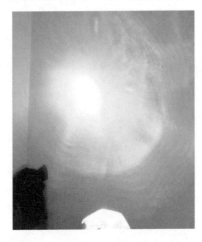

注意：

（1）拍照不需要用闪光灯；

（2）动作要随性洒脱，并配合到位的表情；

（3）妆容要偏重，适合选择正红色口红、珠光眼影来增加灵动感。

这种环境下拍摄出来的照片整体会偏黄、偏暗，不过不要紧，可以用后期软件通过滤镜进行调整，调整后整张照片就会变得灵动、唯美。

脸盆拍照法

在抖音上经常会看到一些女孩拍出如右图所示的似梦似幻又炫酷神秘的照片，甚至它还有个专属的名字：ins 风水波纹照片。妥妥的大片感，惊艳、性感。但是不看不知道，原来拍大片也可以很简单。一个接满水的大盆加上带闪光灯的手机，就可以为你营造满满的超模感。

道具准备

接满水的大盆、手机、帮忙拍照的小伙伴，还可以准备几片玫瑰花瓣。

大片进行时

（1）选择一个光线比较暗的环境，或关灯后拍摄。

（2）提前化好合适的妆容，打湿刘海发丝，将脸贴近水面，用镜头找到一个好看的角度。

（3）打开手机闪光灯，用手在水里晃动，制造水波纹，或单独拍一张水纹理的照片，后期再作叠加和拼图。

备注：水的纹理图和照片记得调滤镜。

（4）修图可以选用摄影 App VSCO，可以利用 VSCO 内数量众多的胶片滤镜、照片基础调整工具对照片进行处理。例如，可选择 A4 滤镜或 H6 滤镜，除此之外还可以根据自己想要的效果调整高光、对比度、色温、颗粒等。

厨具拍照法

在家利用厨具轻松拍出高雅的赫本风。

道具准备

漏勺、手机、滤镜软件、三脚架（或请小伙伴帮忙拍照）。

大片进行时

（1）拍摄环境的布置：准备一个漏勺，用手机的灯光对着漏勺打光，投影到墙面上形成光斑（关上房间的灯）。布置的唯一难度就是将道具固定住，这时候需要有小伙伴的帮助。

（2）注意表情，不要刻意造作，可以慵懒地抬头或者侧身微笑即可。若是实在找不到感觉，就不要看镜头，直接拍侧脸。

（3）衣服需要根据照片的格调来选择。例如，慵懒风可以选择宽松、有质感的裙子。此外，还可佩戴首饰，以显得更加精致。

（4）妆容浓一些，会更加上镜。

光盘拍照法

如果觉得使用手机滤镜拍摄出来的效果不够自然，没关系，巧妙利用手边的小道具也可以轻松拍出大片。下面介绍最新的拍照技术——如何把光盘一秒变成拍照神器。

道具准备

一张光盘、手电筒（或者闪光灯）、两个小伙伴。

大片进行时

（1）找一面白墙，靠墙站定。让一名小伙伴拿着光盘面对你，用辅助闪光灯将光线照在光盘上，调整角度，将光盘反射出的光打在墙上。

（2）另一名小伙伴负责寻找合适的角度进行拍摄。

（3）营造昏暗环境，可以关灯，或保留一盏小灯。

（4）接下来就可以发挥你的创意了，尝试摆出各种造型，怎么酷怎么来。

彩色塑料袋拍照法

你敢相信，下面的图片是通过彩色塑料袋拍的吗？

道具准备

彩色塑料袋、手机、带滤镜的摄影软件（推荐 VSCO）、修图软件（美图秀秀、天天 P 图等）、帮你拍照的好朋友。

大片进行时

（1）关上房间的灯，并拉上窗帘，营造较暗的拍摄环境。

（2）站在白墙前，把彩色塑料袋裁成单面，两手将塑料袋撑开挡在脸的前面。

（3）打开手电筒和相机，找到最佳拍摄位置。

（4）拍完记得打开软件，调出自己喜欢的滤镜，并修图。

可以多尝试几种颜色的塑料袋，如果觉得效果还不够满意，可以试试喷一些水珠在塑料袋上，很可能获得超乎想象的效果。

杂志大片拍照法

在抖音上具有杂志封面质感的光影大片中，有一些是很简单就可以拍出来的。下面就介绍其中一种拍法。

道具准备

大型号手电筒、一块色彩饱和度高的欧根纱布料、颜色鲜艳的花（真花假花都可以）、渔网（或有类似效果的道具）、相机（或手机）。

大片进行时

（1）将室内灯光调暗，用手电筒往模特脸部打光，使之与背景环境形成明显的亮度差。

（2）利用各种道具进行造型设计，可以参考时尚杂志上明星或名人的造型。例如，将渔网轻轻拂在模特的面部拍摄。取一小块欧根纱布料蒙在镜头前拍摄，可营造梦幻的感觉。搭配颜色鲜艳的花可以增强画面的视觉效果。

（3）妆容可选干净纯粹的红唇妆。发型最好能干净利落，突出五官，推荐半丸子头。衣服最好简单大方且有质感，如小黑裙。此外，还可以搭配一些具有设计感的金属耳环和项链，不怕夸张，就怕平淡。

（4）开拍！可尝试各种角度，并把各种道具用起来。多用心，多尝试，处处都能创造出意想不到的美。

03 不止五毛的特效

修图软件盘点

拍照很重要，但对于新手来说，学会一些简单实用的后期修图软件会方便很多。接下来介绍一些常用的后期修图软件。

VaporCam/ 蒸汽波相机

对于喜欢酷酷的风格的新手来说，VaporCam/ 蒸汽波相机简直是大爱。VaporCam/ 蒸汽波相机主打蒸汽波风格的滤镜、贴纸、模板等。但这里面很多滤镜和贴纸是付费的。

VaporCam/ 蒸汽波相机可以直接在手机的应用商店里搜索和下载。

启动 VaporCam/ 蒸汽波相机后，首先出现的就是付费页面。

建议大家关掉这个页面先体验一下这款软件，如果真的喜欢里面的功能可以再付费使用全部滤镜和贴纸。

关掉付费界面后就进入了图片导入界面，也可以点击界面正上方的拍摄按钮进行现场拍摄。

拍完照或导入图片后，便进入美化界面。美化界面有如下功能。

第 1 个功能是旋转和调节图片的长宽比例。

第 2 个功能是调节各种参数：胶片、干扰、毛刺、亮度、对比度……

第 3 个功能是滤镜。VaporCam/蒸汽波相机的滤镜有 TV、VHS、LINE 等风格，看起来都个性十足。

第 4 个功能是模板。如果实在不知道怎么修图，一键便可以用其模板制作出酷炫的照片效果。

第 5 个功能是贴纸。点击"更多贴纸"就能看到 VaporCam/ 蒸汽波相机的五大类贴纸，每一类都很有特点。

第 6 个功能是文字。目前有 29 种炫酷的字体效果供挑选，不光可以编辑文字的具体内容，还可以改变文字的透明度，调整文字的大小，并可旋转或翻转文字。

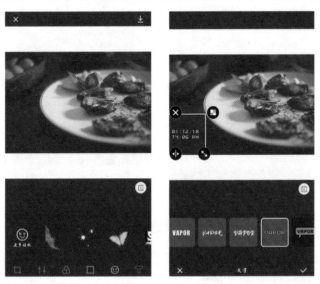

POLY

POLY 主打复古胶片效果，号称可以拯救一切废片，一般可去应用商店搜索并下载。

下载并打开 POLY 之后直接进入拍摄界面，界面顶部左上角的按钮是菜单设置，中间的是镜头切换，右上角的是闪光灯切换。如果想导入图片，可以点击界面左下角的圆形按钮进行选择。

选中图片后，界面中间的红色圆形按钮会变成黄色，点击该按钮开始美化。跳转至美化界面后，点击界面下方工具栏中的第 1 个按钮出现的便是滤镜界面。

POLY 有 21 款不同的滤镜，虽然只有 9 个是免费的，但也能满足用户的基本需求。POLY 的滤镜走的是复古风，十分文艺清新。

　　选择完滤镜，点击界面下方工具栏中的第 2 个按钮可以添加漏光特效。单击工具栏上方的圆形按钮，可以选择相应的漏光效果，再次点击该按钮可以调节漏光程度。

　　除了漏光特效，POLY 还有涂鸦设置，调节光线、美颜等功能。在整个过程中可随时更改相纸和日期。

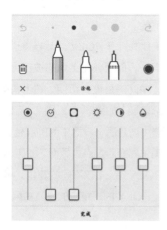

Sphoto

Sphoto 有着强大的后期补救功能，主要靠贴纸来补救那些用完滤镜还是觉得不够好看的照片。去应用商店搜索即可下载。

打开 Sphoto 之后，可以点击页面上方的拍摄按钮进入拍照界面进行拍摄，或者在页面下方选择需要调整的照片导入。

拍摄或选择好照片后的编辑页面和蒸汽波相机的类似，其底部工具栏中的第 1个工具可以旋转和调节照片比例。

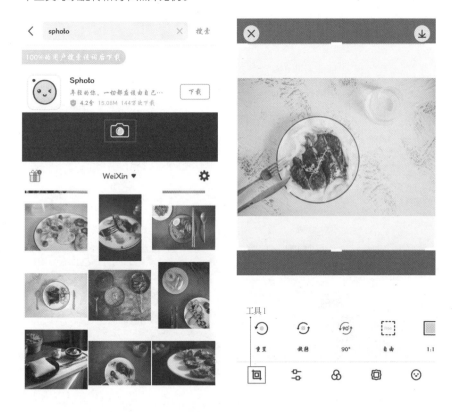

第 2 个工具可以调节亮度、对比度等参数。

第 3 个工具是滤镜，单击工具栏上方的按钮，可以选择相应的滤镜效果，再次点击该按钮可以调节滤镜效果。

第 4 个工具是模板。

第 5 个工具是贴纸。

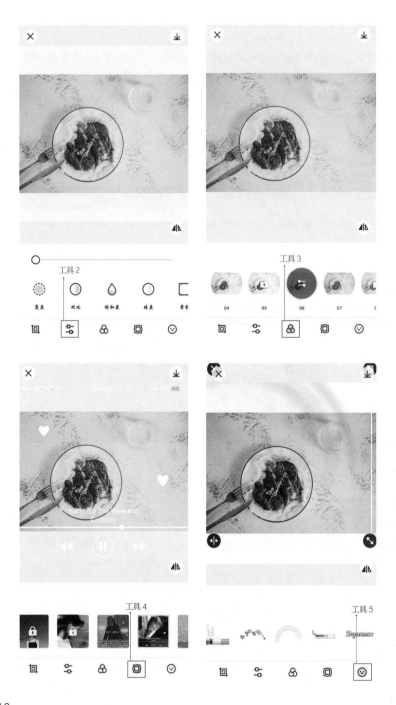

动漫大头特效

抖音上很火的动漫大头特效在安卓手机中也能做到。

道具准备

手机、抖音 App。

大片进行时

（1）打开抖音 App，进入视频录制界面。

（2）点击"道具"按钮，在"热门"中找到图中所示的道具。

（3）然后，就可以对着镜头做出喜欢的表情进行拍摄了。是不是很简单？

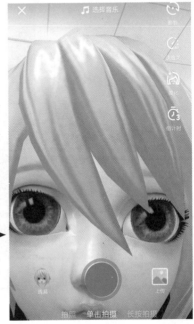

摘下星星给你

道具准备

Inshot App、抖音 App。

大片进行时

（1）在抖音上添加喜欢的背景音乐，然后对着手机镜头拍摄事先想好的动作，录下视频，保存到相册。

（2）下载并打开 Inshot，把视频导入。

（3）将视频调整到合适的角度，适当更换背景颜色，点击"文本"添加表情符号。

（4）滑动下方横条上的滑块，使表情符号和音乐动作相对应。

（5）保存视频。

小小星球特效

道具准备

PicsArt App。

大片进行时

（1）打开 PicsArt App，选择需要编辑的图片。

（2）点击"特效"按钮，在各种特效中找到并选择"扭曲"，然后再选择"小小星球"效果，并保存图片。

视频倒着录

道具准备

手机、抖音 App。

大片进行时

（1）打开抖音 App，拍摄一段视频，拍摄完成后在界面的右下角点击 ✅
按钮。

（2）界面跳转至预览界面后，点击该界面左下角的"特效"按钮，选择特
效中的"时间特效"。

（3）在这些特效里找到并选择"时光倒流"效果即可。

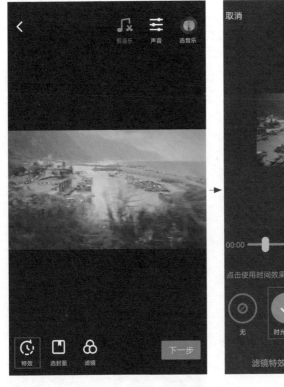

灰飞烟灭效果

道具准备

PicsArt App。

大片进行时

（1）打开 PicsArt App，添加图片并选择要编辑的图片。

（2）点击"工具"按钮，然后选择"分散"工具。

（3）根据想要的效果，恰当涂抹图片中需做"分散"效果的区域。

（4）保存图片。

文字快闪

文字快闪在抖音上一直很受欢迎，这种跳动的文字视频配合说唱、音乐节奏等呈现出的效果确实很好。只要文案写得好，在抖音上的点击率一般都会很高，可以获得大量的粉丝和点赞。因此，学会了这种文字快闪视频的制作方法，就等于掌握一种快速涨粉的好方法。如何制作这种文字快闪呢？不会 After Effect 这种专业的软件怎么办？其实没有那么难，只需要 1 分钟，用手机就可轻松制作，具体方法如下。

道具准备

手机、美册音乐相册 App。

大片进行时

（1）准备创作文字快闪的文案，或选择需要改编成文字快闪视频的音频文件（MP3 格式）。

（2）打开美册音乐相册 App，点击⭕按钮进入制作界面，点击界面左下方的"文字视频"按钮。

（3）在文字视频制作界面设置想要录制的视频时长（10s、15s、30s、60s），点击界面正中间的"话筒"按钮，然后对着手机说出准备好的内容，App会自动生成相应的文字。如果是想改编已有的音频，就将 MP3 格式的音频文件存储到手机中，然后点击文字视频制作界面下方的"导入本地音频"，调取该音频文件生成即可。

（4）自己还可以再次对生成的文字进行编辑，设置背景图片，修改图片的透明度等。

制作这种文字快闪视频最麻烦的地方就是要让文字和声音同步。这个案例（见上页）主要用到的是美册音乐相册 App 的"一键录音识别并生成文字视频"功能，这个功能可以直接让文字和声音同步，免去了用 After Effect 等软件制作此类视频的烦琐操作，直接将这类视频制作的难度，降到了零基础大众都能快速实现的程度。因此，这个方法特别适合新手学习和使用。

爱心九宫格

爱心九宫格的拼图形式一度在抖音和微信朋友圈很受欢迎，从图形效果来看，似乎制作步骤有些复杂，但是只要掌握了制作方法和拼图规则就不难实现。这里通过一个用单张图片拼图的例子讲解这类拼图的基本方法。

道具准备

手机、美图秀秀 App、一张花朵图片、一张浅色背景图。

大片进行时

（1）打开美图秀秀 App，选择"拼图"工具。

（2）为了便于理解，现将九宫格的 9 个格子分别编号如下。

1	2	3
4	5	6
7	8	9

采用这种方法拼出的最终画面是由 9 个九宫格图组成的，每一个九宫格图都是最终效果图片的局部。在最终效果图中，除了要展示的图片（比如本例中的花朵图片）之外，其余的格子都用来放背景图片。本例的具体拼法如下图所示。

背景	背景	背景	背景	背景	背景	背景	背景	背景
背景	背景	花	花	背景	花	花	背景	背景
背景	花	背景	背景	花	背景	背景	花	背景
花	背景	背景	背景	背景	背景	背景	背景	花
花	背景	背景	背景	背景	背景	背景	背景	花
背景	花	背景	背景	背景	背景	背景	花	背景
背景	背景	花	背景	背景	背景	花	背景	背景
背景	背景	背景	花	背景	花	背景	背景	背景
背景	背景	背景	背景	花	背景	背景	背景	背景

根据上图，按顺序导入图片。例如，第 1 个九宫格图是在编号为 6 和 8 的位置放花朵图片，其余的格子放背景图片。依次类推，分别拼好其余 8 个九宫格图。

（3）拼好后保存备用。拼出的 9 张九宫格图如下图所示。

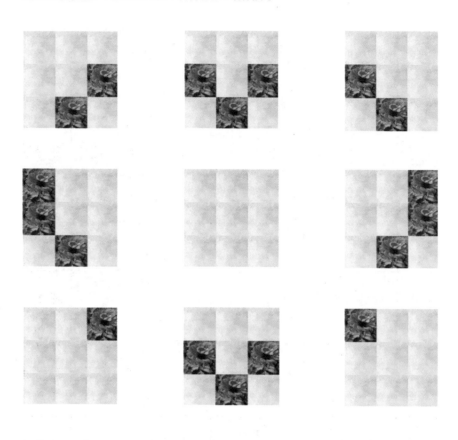

（4）再次选择拼图工具，将上一步保存备用的 9 张图按顺序导入，拼成最终效果图，如下图所示。

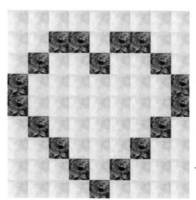

除此之外，还有其他多种拼法。

04 剪辑大大带带你

实用软件

快剪辑

"快剪辑"有 PC 端版和移动版，移动版可以在手机的应用商店搜索"快剪辑"，即可找到并免费下载。

（1）打开"快剪辑"App，点击界面下方中间红色的"+"号按钮后，选择"剪辑"即可选择并导入要剪辑的视频。

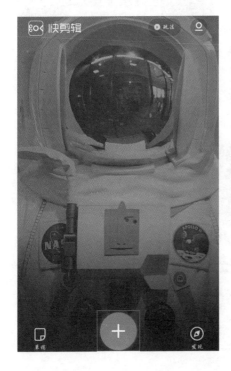

（2）从手机中选择一段视频，点击"下一步"按钮，进入视频编辑界面。

（3）点击界面上方正中间的双箭头按钮，便可出现网格，用手指直接在屏幕上缩放画面，直至获得合适的大小和构图，然后点击界面右上方的"确定"按钮即可。

除此之外，还可以对镜头进行拆分，设置滤镜、音乐、字幕、音效、画质、马赛克。

VUE 视频相机

让日常成为珍藏，去应用商店搜索"VUE"，即可找到并下载这款 App。

打开 VUE，点击左下角的 ➕ 按钮可导入本地视频。

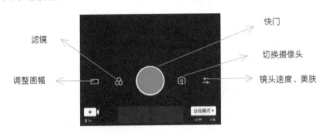

在右下角可切换"自由模式"与"分段模式"，其中"自由模式"是不限时长和分段数，"分段模式"是固定时长（10 秒、15 秒、30 秒）和分段数。

选择好分段数和总时长后，即可进行拍摄或导入视频。导入视频时，可滑动下方的视频进度条选择合适的片段。

4 个片段齐全后便自动跳转到下一界面。

调整好相应的参数后，点击界面右上方的"生成视频"按钮即可。

配乐和配音

　　好的视频作品不仅要有精致的内容，恰当的背景音乐也是加分项，怎样选择合适的配乐、配音为内容画龙点睛呢？打开抖音 App，点击底部中间的"＋"进入录制界面，点击界面顶部的"选择音乐"即可进入下方右图所示的界面。可以从这里上传本地音乐，也可下载网络歌曲，点击音乐封面图上的 ▶ 按钮即可试听并选择合适的音乐。

裁剪音乐

　　进入选择音乐界面点击想要使用的音乐，点击"确定使用并开拍"按钮，进入录制界面。录制完成后，点击预览页面顶部的"剪音乐"按钮进入剪辑音乐界面，滑动黄色按钮选择想要的区间，点击"√"按钮即可。

调整原声和配乐的音量

拍摄视频时可能会不小心录入杂音，加入配乐后会显得不那么完美，这时就需要去除视频的原声。打开抖音 App，上传需要剪辑的视频，点击"下一步"按钮，点击"选音乐"按钮，选择想要合成到视频中的音乐，点击音乐左端的"使用"按钮将音乐合成到视频中。再点击界面顶部的"声音"按钮，即可在界面下方修改原声和配乐音量的大小。

很多人在使用这个功能的时候，会发现视频原声的音量不可调节，这是为什么呢？因为，在抖音中只有两种情况可以同时调整原声和配乐的音量，一是上传本地视频，添加完音乐后，再去单击声音才可以调节音量。二是开始拍摄后再添加音乐。要注意的是：如果先选择音乐再开始拍摄，就不能调节原声的音量。还有其他的操作，例如，点击"拍摄同款"等也无法调节原声的音量。基本的道理就是得先有原声，再有音乐，原声的音量才可以调节。

视频

上传本地视频

打开抖音 App，点击底部中间的"+"进入录制界面，点击右下角的"上传"，选择本地视频即可进行下一步。

裁剪视频

上传本地视频，会显示预览视频的界面，拖动界面下方黄框的两侧即可剪辑出想要的视频内容。

旋转视频

抖音 App 中自带旋转视频的功能。在导入本地视频后，在裁剪视频的界面，点击界面下方右侧的 按钮，可以顺时针旋转视频至想要的角度。点击"下一步"即可继续操作。

滤镜

快速切换滤镜

当拍摄作品需要一些特殊的色彩或氛围时，滤镜是最容易实现这一效果的选择。那么怎样才可以轻松地选择适合的滤镜呢？

进入抖音视频拍摄界面，在界面中部左右滑动即可体验并选择滤镜。

双滤镜

想要更好玩的双滤镜，操作也十分简单。打开抖音 App，点击屏幕下方的"+"按钮进入视频拍摄界面，用手指在界面中部左右滑动便可切换滤镜。若想要双滤镜效果，安卓手机的操作则是在用手指滑动切换两种滤镜效果时，手指滑动到画面中间便松手；苹果手机的操作则是在用手指滑动切换两种滤镜效果时，手指滑动到画面中间停住不松手，然后用另一只手单击拍摄按钮。这样，便可得到左右两边为不同滤镜效果的画面。

05 发布是个技术活

标题和引导语

一个好的标题与引导语往往会带来意想不到的惊喜。因此，在视频制作好以后，设计一个合适的标题和引导语便变得尤为重要。那么设计标题和写引导语有哪些技巧呢？

标题简短，表达清晰

观众在看抖音短视频的时候，将注意力放在短视频的标题上的时间是极短的。因此，如果标题太长，表达还不够清晰的话，标题有和没有其实没有什么区别。所谓标题要短，表达要清晰，即主谓语要清楚，让人一眼便能明白标题写的是什么。而对于引导语，一定要把重要的内容放到前面半句，让用户能在短时间内抓到重点。

例如，"娘娘手工生活"短视频的引导语："一次性杯子变灯笼，一学就会，没有比这更简单的灯笼教程了。"看到前半句大家就知道这个视频的内容是什么了，"一次性杯子""灯笼""一学就会"，这些都是吸引观众的点。

引起观众的好奇心

好奇心是人们的天性，巧妙地抓住观众的好奇心往往能带来更多的流量。如何引起观众的好奇呢？

可以尝试用疑问句，如"被电是什么感觉？"。

除了疑问句，还可以尝试用省略句，如"下雨天，突然见到……"。

还可以尝试在标题中设置矛盾冲突，例如明明应该是悲伤的事情，却说得很开心。

选取流量高的关键词

例如，在毕业季的时候，"毕业"两个字便是高流量的关键词；国庆节的时候，"国庆""祖国"等相关词都可以放入考虑范围内。有了初步的标题和引导语后，可以把其中的关键词放到抖音里搜索一下，看哪个搜索出来的视频数量多就用哪个。

不能违规

随着互联网管理的加强，抖音平台逐渐重视起短视频的管理。并发出公告：

（1）抖音的价值在于记录美好生活。出于自己的爱好自制一些小东西，是美好的事情；但若要对外销售，就需要符合相关的法律法规，在此提醒大家一定要注意。

（2）对于利用平台制假售假的不良账号，抖音平台发现一起，就会处理一起，绝不会姑息。

（3）欢迎举报平台上各种伤害用户利益的视频。

对于一般用户而言，如果要上传的短视频内容违规，在上传时的审核中便会被拦截，抖音平台也会对相关用户进行警告。如果违规情况比较严重，抖音也会选择直接封号，与此同时，还会清理该用户账号中的所有视频。

那么具体哪些内容会涉及违规呢？目前抖音平台对于涉及以下几类内容的视频是拒绝上传的。（以下规则适用于所有用户，包括儿童及宠物）

第一类，涉嫌色情低俗。

（1）穿着裸露（如裸上身）、暴露（如低胸装等）。

（2）出现任何不雅、诱惑、低俗、色情的行为。

第二类，违反法律法规。

（1）枪支弹药、管制刀具、毒品等违法内容。

（2）赌博、暴力、恐怖或者教唆犯罪。

（3）宣传邪教和封建迷信。

（4）恶搞人民币、政府机构及相关人员。

（5）非军人或警察的用户穿着军装、警服。

（6）泄露个人隐私信息。

（7）散播谣言，扰乱秩序。

第三类，引人不适。

（1）任何恶心及令人反感的内容。

（2）侮辱，诽谤他人。

（3）吸烟、酗酒、广告。

发布时间与数量

除了对短视频内容的把控，对发布时间与数量的把控也同样重要。

发布时间的控制

一般来说，周末和节假日的时间里，抖音用户处于特别活跃的状态。这就意味着，如果在周末和节假日里发短视频，可能会有更多观众观看。

而在一般工作日里，中午饭后和下午下班后，即下午 1 点和 6 点左右，抖音用户的活跃度相对会比较高。

因此，选择上述几个活跃度高的时间点发布视频会得到更好的效果。

发布数量

每天发布的短视频数量以 2~3 个为宜。

除了对数量的把握，最重要的是长期有规律的坚持，使观众形成黏性。

封面设置

拍摄和上传视频之后，在视频发布之前，可以在抖音里选择一个动图作为封面。观众在浏览视频的时候会先播放这个动图封面。

封面设置要注意以下几点。

封面的美观度

封面的美观度具体涉及封面的清晰度、封面裁图的完整程度等。

不清晰的封面会让观众在看第一眼时就对视频产生不好的印象。因此，封面一定要清晰。

封面裁图不完整会让视频给人产生粗制滥造的感觉，从而破坏封面的美观度。

封面内容与短视频内容的亲密度

封面的内容应该和短视频的内容有着很强的呼应关系，它最好是短视频中想要突出的东西。

在发布的时候可以添加位置和 @ 比较热门的人物，甚至是抖音小助手。如果视频足够精彩，这两招可为视频锦上添花。